Jochen Donner

DIE TREKKINGBIKE-WERKSTATT

Delius Klasing Verlag

INHALT

Schnell, leise, und fast schwere-
los: Mit perfekt gepflegter
und gewarteter Technik steigt
die Lust am Radfahren.

Hilfe zur Selbsthilfe

Ist das Fahrrad defekt, fängt der Ärger an. Nervig, dass man plötzlich wieder zum Fußgänger wird. Wer repariert mir das jetzt? Krieg ich überhaupt schnell einen Termin? Und was mag das wieder kosten? Selber reparieren ist die Alternative! Moderne Fahrradtechnik ist durchschaubar, leicht zu beherrschen und funktioniert nach einfachen Prinzipien. Wenn man mal kapiert hat, wie's läuft. Aber das lernen Sie hier.

Sicher, es gibt Menschen mit zwei linken Händen. Und solche, die sich grausen vor schwarzen Rändern unter den Fingernägeln. Die sich für ihr Fahrrad bei einem Platten einen Werkstatt-Termin geben lassen. Für die ist unser Reparaturbuch natürlich nicht gemacht. Die andern aber, die sich trauen, einen Nagel in die Wand zu hauen oder ihre Lampen zu Hause selbst an die Decke zu hängen, die einen Platten am Rad selbst flicken: Für solche Leute haben wir ein Werkstattbuch gemacht, das dem Zerlegen, Reparieren und Teiletauschen am hochwertigen Fahrrad jeden Schrecken nimmt.

Das Fahrrad ist eine wunderbare Maschine, die die Reichweite oder Geschwindigkeit des Menschen auf das Fünffache eines bloßen Fußgängers erweitert. Fahrradtechnik funktioniert seit über 100 Jahren nach denselben durchschaubaren und nachvollziehbaren Prinzipien einfacher Mechanik. Die ist nicht schwer zu verstehen. Und wer erst mal verstanden hat, wie etwas funktioniert, für den ist auch die Reparatur kein Hexenwerk.

Unter kompetenter Anleitung durch präzise, knappe Texte und mit klaren, deutlichen Bildern illustriert, gelingt es auch dem ambitionierten Anfänger, das Schicksal seiner Fahrmaschine in die eigenen Hände zu nehmen. Denn wer sein Rad bis zur letzten Schraube

Das Werkstattbuch-Team

JOCHEN DONNER,
Testleiter TREKKINGBIKE

Nur wenige Autoren haben mehr Erfahrung, wenn es ums Thema Fahrrad geht. Als Testleiter des Magazins TREK-KINGBIKE ist Jochen Donner einer der kompetentesten Fahrrad-Journalisten Deutschlands. Er wählt die Testräder aus, er begutachtet und bewertet alle technischen Neuentwicklungen. Seine beliebten Werkstattserien im Heft lieferten die Basis für das vorliegende Buch.

DANIEL SIMON,
Fotograf, Bildredakteur

Daniel Simon hat sich als Fotograf früh auf das Thema Fahrrad spezialisiert. Seine Fotos prägen seit Jahren die Optik der Radmagazine BIKE, TOUR und TREK-KINGBIKE. Wie kein anderer versteht er es, Einzelheiten am Rad ins rechte Licht zu rücken und technische Details so begreifbar zu machen.

in- und auswendig kennt, wird es künftig mit ganz neuen Gefühlen fahren: Der Stolz und das Vertrauen in die eigenhändige Arbeit lässt jedem Selbst-Schrauber sein Velo noch näher ans Herz wachsen.

Wir wünschen Ihnen dabei gutes Gelingen!

Professionelles Werkzeug

Greifen Sie bloß nicht in die Grabbelkiste an der Baumarktkasse! Keine Arbeit gelingt, wenn das Werkzeug nichts taugt. Gutes Werkzeug und Werkstattausstattung sind Voraussetzung für das Gelingen jeder Fahrradreparatur. Das schont Ihr teures Material und Ihre noch wertvolleren Nerven!

Wer sein Fahrrad selber warten und reparieren möchte, braucht die passende Ausstattung. Dazu gehört zuallererst ein geräumiger Platz, an dem sich arbeiten lässt, ohne dass beim Umdrehen alles umkippt. Der Montageständer benötigt eine ausreichend große Fläche. Im Idealfall ist der Raum exklusiv zur Fahrradreparatur nutzbar: Das Rad kann auch einige Tage zerlegt abgestellt werden, ohne dass etwas durcheinanderkommt oder jemanden stört.

Zudem sollte der Arbeitsplatz über gute Beleuchtung, unempfindlichen, ritzenfreien Boden und ausreichend Ablagemöglichkeiten für Werkzeug und Teile verfügen und leicht zu reinigen sein. Legen Sie eine Plane oder einen Rest hellen Teppichboden unter die Arbeitsfläche. Das schützt den Boden vor Ölspritzern und Schmutz, und Sie finden herabgefallene Kleinteile leicht wieder. Beim Werkzeug ist eine normale Grundausstattung die

Basis. Am Fahrrad werden oft Spezialwerkzeuge benötigt, die teuer sind oder nur einmal gebraucht werden. Überlegen Sie hier genau, was Sie anschaffen. Lassen Sie aufwendige Arbeiten im Shop erledigen. Fahrrad-Werkzeuge gibt es im Fach- oder Versandhandel. Werkzeuge von Cyclus, Campagnolo, Park Tool, Pedro's, Tacx oder Var gehören zur Oberklasse und kosten entsprechend. Doch das lohnt sich!

Günstiger Montageständer
Der einfache, aber stabile Halter fixiert das Rad an Tretlager und Gabel oder den hinteren Ausfallenden. Ein Laufrad muss dazu abgenommen werden.

Profi-Montageständer
An einer Schnellspann-Kralle hängt das komplette Fahrrad von drei Seiten gut zugänglich. Die Kralle ist dreh- und höhenverstellbar.

Hängewaage
Nicht nur für Leichtbau-Fetischisten. Oft ist das Gewicht ausschlaggebend für oder gegen ein bestimmtes Ersatz- oder Tuningteil.

Standpumpe mit Manometer
Bringt Ihre Pneus schnell und zuverlässig auf Druck. Gerade bei modernen Reifen entscheiden nur wenige Zehntel bar zwischen Komfort oder Härte. Den Reifendruck sollten Sie etwa einmal im Monat kontrollieren.

Lenkerhalter
Erleichtert die Arbeit im Montageständer: Das Gestell klemmt zwischen Lenker und Oberrohr. Lenker und Gabel bleiben zum ungestörten Arbeiten gerade ausgerichtet.

Zentrierständer
Unverzichtbar, wenn Sie häufiger Laufräder zentrieren oder gar neu bauen möchten. Er fasst Laufräder aller Größen und zeigt Höhen- wie Seitenschläge an.

Standard-Werkzeug

1 Schlosserhammer: für treibende Schläge aller Art. **2** Maßband: für maßvolle Arbeit. **3** Kabelbinder: fixieren einfach alles. **4** Metallsäge: kürzt Lenker, Trägerstreben oder Schrauben. **5** Wasserwaage: bringt nicht nur den Sattel ins Lot. **6** Abzieher-Nuss: für externe Innenlager mit Shimano-Zahnung. **7** Stiftzange: spannt Exzenter-Tretlager. **8** Gegenhalter: fixiert die geschlitzten Gewindehülsen der Kurbelblatt-Schrauben. **9** Ratsche: für kraftvolles Schrauben. **10** Tretlager-Nuss: schraubt Truvativ-Patronen. **11** Abzieher: für innenverzahnte Ritzelpaket- oder Centerlock-Schrauben. **12** Satz Reifenheber: bei Pneu-Montagen so gut wie gegen hartnäckigen Schmutz. **13** Satz Feilen: macht oft erst passend, was zusammengehört. **14** Kunststoffhammer: zum schonenden Austreiben enger Passungen.

15 »Franzose«: stufenloser Maulschlüssel, hilft oft auch in Notfällen. **16** Seitenschneider: kürzt Bowdenzüge, Kabelbinder, Speichen. **17** Kombizange: liefert Halt, wo immer nötig. **18** »Papageienschnabel«: kürzt, ohne zu quetschen. **19** Y-Inbus: handlicher Schlüssel für die häufigsten Schraubarbeiten. **20** Achsschlüssel: öffnet Achsen von Shimano-Klickpedalen. **21** Nippeldreher: Mavic-Nippel haben eine spezielle Form. **22** Nippeldreher: packt Speichennippel schonend von 3 Seiten an. **23** Digitales Manometer: liefert exakte Auskunft über den Reifendruck. **24** Kurbelabzieher: wird für neuere XTR-Kurbeln benötigt. **25** Tretlager-Nuss: für Shimano-Octalink- und Vierkantpatronen. **26** Sternschlüssel: öffnet die Kurbelschrauben an Hollowtech II-Kurbeln. **27** Satz T-Inbusschlüssel: für den schnellen

Dreh. **28** Pedalschlüssel: ein langer 15er löst jedes Pedal. **29** Satz L-Inbusschlüssel: mit Kugelkopf das vielseitigste Werkzeug **30** Schieblehre: wenn's auf jedes Zehntel ankommt ... **31** T-Schlüssel Torx 25: öffnet Disc-Verschraubungen. **32** L-Inbus 8 mm: für Kurbelschrauben. **33** Cutter: kürzt fast alles. **34** Satz Schraubendreher: je mit Schlitz- und Kreuzschlitz-Klingen. **35** Maulschlüssel 32/36 mm: für Abzieher-Nüsse und Gewindesteuersätze. **36** Satz Ring-/Maulschlüssel: Ring greift noch, wo Maul abrutscht. **37** Taschenmesser: wirkt überall, wo anderes Werkzeug versagt. **38** Satz Konusschlüssel: hilft bei Achsdemontagen. **39** Kettenpeitsche: ohne die geht kein Ritzel ab. **40** Kettennieter: der von Rohloff vernietet die Stifte auch. **41** Dämpferpumpe: bringt kontrolliert Luftdruck in die Federung.

Gabel & Steuersatz

1 Beim Gabeltausch muss der alte Lagerkonus ab: Der »Crown Puller« schafft das schonend und exakt. **2** Eingepresste Steuersatz-Schalen schlägt man mit dem Austreiber aus dem Steuerrohr. **3** Das parallele Wiedereinsetzen der Schalen übernimmt das Einpress-Werkzeug mit Passungen für verschiedene Schalenprofile. **4** Der Gabelkonus landet mit dem Aufschläger materialschonend wieder an seinem Platz auf der neuen Gabel. **5** Mittels Führungsröhre versenkt das NTS-3 Gewindekrallen absolut senkrecht im Gabelschaftrohr. Alle Werkzeuge von Park Tool.

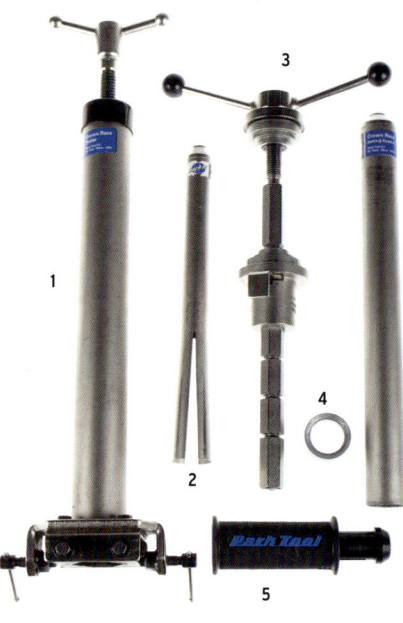

Fräsen & Schneiden

1 Aufnahmen für Scheibenbremsen müssen planparallel sein. Falls nicht, hilft dieses Fräswerkzeug. **2** Fehlt's den Steuerrohr-Kanten am rechten Winkel, kann der Steuerrohrfräser weiterhelfen. **3** Vermurkste Tretlagergewinde bekommt man mit dem Gewindeschneider wieder gängig. Achtung: hier Rechts- und Linksgewinde!

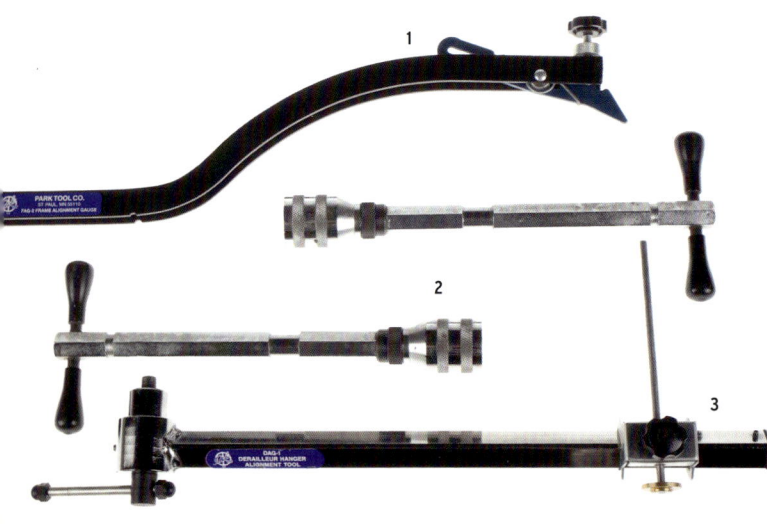

Messen & Richten

1 Die Rahmen-Lehre misst beidseitig vom Steuerrohr zum Ausfallende. Das kontrolliert die Spurtreue des Rahmens. **2** Stehen ein oder beide Ausfallenden schief, kommen die Richtglocken zum Einsatz. Achtung: nur für Stahlrahmen! **3** Das Schaltaugen-Richtwerkzeug wird anstelle des Schaltwerks eingeschraubt. Ein Verzug des Schaltauges kann relativ zum Laufrad gemessen und – mit Fingerspitzengefühl – in einem Arbeitsgang gerichtet werden.

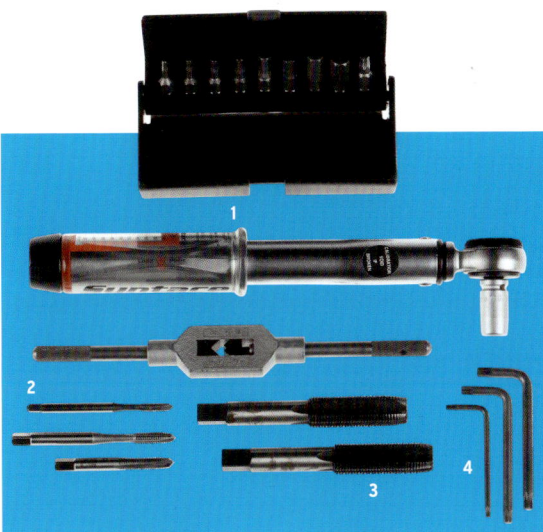

Schrauben & Gewinde

1 In Zeiten des Leichtbaus unverzichtbar: Drehmomentschlüssel mit Bit-Satz. Meist werden Momente bis zu 20 Nm verlangt. Drehen Sie Schrauben mit normalem Werkzeug ein, setzen Sie den Drehmomentschlüssel erst auf den letzten Umdrehungen ein. Arbeiten Sie sich auf den geforderten Wert zu, prüfen Sie dann die Verdrehfestigkeit. **2** Ein ausgedrehtes Gewinde lässt sich nachschneiden. Die meistverwendeten Durchmesser sind 4, 5 und 6 mm. **3** Pedalgewinde sind Links-und Rechtsgewinde in 15 mm. Schneiden Sie nie trocken, verwenden Sie immer Schneide- oder gewöhnliches Schmieröl. **4** Für Verschraubungen mit hohen Drehmomenten werden häufig Torx-Schrauben verwendet. Ein Satz L-Schlüssel in den Größen 15, 20 und 25 gehört in jede Fahrrad-Werkstatt.

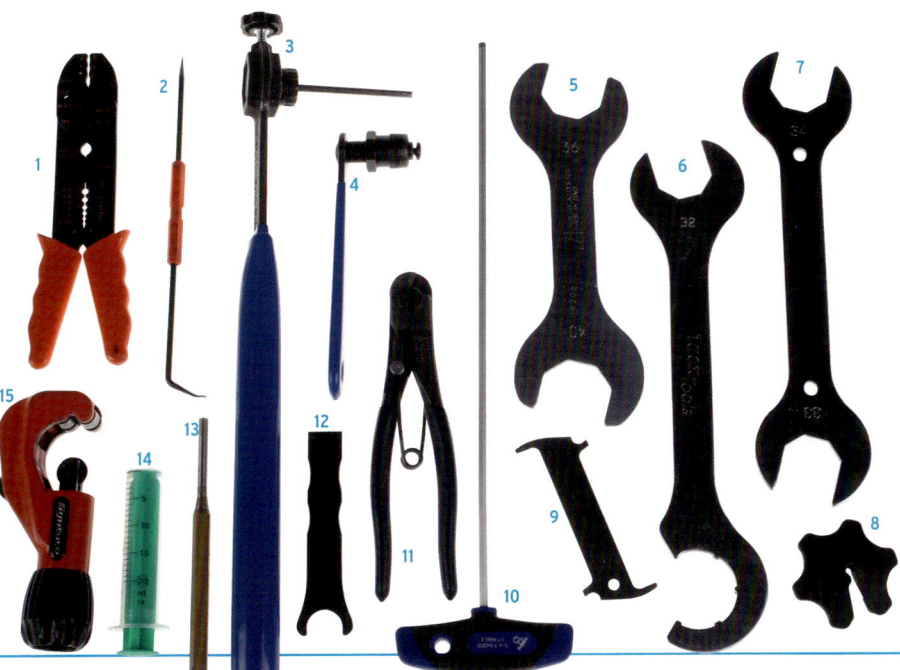

Das Übrige:

1 Die Crimpzange verbindet Beleuchtungskabel dauerhaft und stabil mit ihren Steckern. **2** Mit einem Dorn – oder einer angeschliffenen Speiche – lassen sich gequetschte Innenhüllen nach dem Abschneiden wieder aufstechen. **3** Der Nuss-Aufnehmer von Park Tool mit langem Hebel dreht kraftsparend mit hohem Drehmoment. **4** Der Kurbelabzieher treibt die Kurbel von der Tretlagerachse an Patronenlagern. **5** Dreht sich an Ihrem Rad eine Gewindegabel, öffnen Sie die Kontermuttern mit einem solchen Maulschlüssel der Weiten 36 und 40 mm ... **6** ... 36 mm- und Hakenschlüssel für Konustretlager ... **7** ... oder mit doppeltem 36er. **8** Zum Zentrieren von Mavic-Systemlaufrädern brauchen Sie diesen Schlüssel. **9** Der Rohloff »Caliber« misst exakt, ob nur die Kette oder auch das Ritzelpaket gewechselt werden muss. **10** Dieser ganz lange 5er-Inbus erleichtert das Festziehen senkrecht stehender Schrauben von Scheibenbrems-Zangen an Rahmen und Gabel. **11** Der Drahtschneider kappt Bowdenzüge oder deren Außenhüllen, ohne die Schnittkante flach zu quetschen. **12** Mit diesem Mavic-Spezialschlüssel stellen Sie das Lagerspiel an Systemlaufrädern ein. Sein anderes Ende dient auch als Reifenheber. **13** Mit dem Körner treiben Sie beispielsweise eingepresste Industrie-Achslager aus ihrer Passung. **14** Mit einer gewöhnlichen Einwegspritze für ein paar Cent gelangt Öl tröpfchenweise exakt an sein Ziel. Mit Kanüle spritzen Sie eng sitzende Griffe vom Lenker. **15** Der Rohrschneider kreist mit einer Trennscheibe ums zu kürzende Rohrstück. Trennscheiben gibt's für Alu oder Stahl.

Fahrradkosmetik

Regelmäßige Pflege und Wartung hält Ihr Bike in Schuss. Schraubgewinde, Klemmverbindungen und Kugellager verlangen nach sorgfältiger Schmierung. Öle und Fette dienen auch zur Korrosionsvorbeugung. Sie unterwandern Wassermoleküle und können das Eindringen von Schmutz und Feuchtigkeit in Kugellager sogar ganz verhindern. Wir zeigen, was Sie wirklich brauchen: Damit saust Ihre Maschine.

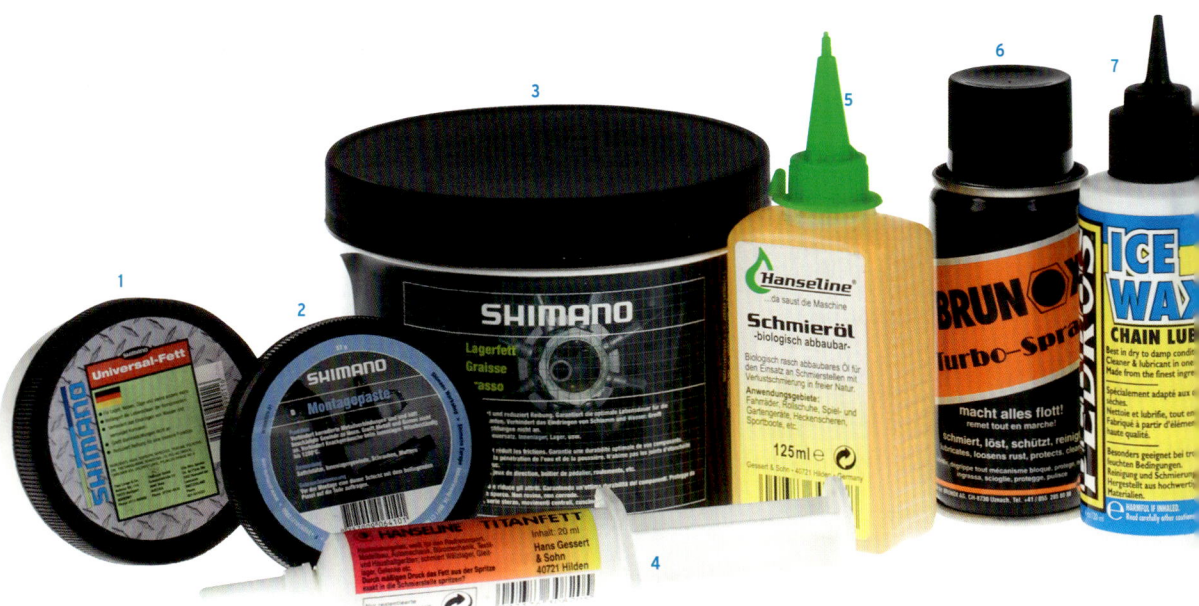

Fast wie in der Kosmetikwerbung geht's auch bei der Fahrradpflege zu: Zahllose Mittelchen buhlen um Aufmerksamkeit.

Für Materialverbindungen

Grundlage ist ein gutes Universalfett: damit fetten Sie Schraubgewinde, um die Klemmkräfte im Gewinde gleichmäßig zu verteilen. Schrauben lassen sich sämig bis zum Ende des Gewindes eindrehen, ohne unter Einfluss von Feuchtigkeit festzufressen. Lagerfett sollte zäher sein als Universalfett. Es sichert die Schmierung in Kugellagern auch bei höheren Drehzahlen und unter Druck. Die Fettpackung verhindert das Ein-

dringen von Wasser und Schmutz durch Lagerspalte. Für schwer zugängliche Stellen oder punktuellen Auftrag eignet sich eine Fettspritze. Kettenglieder brauchen nicht harzendes, säurefreies Öl, das zähflüssig und biologisch abbaubar sein sollte. Es kann zwischen Laschen und Rollen der Kette eindringen und schmiert auch das hochbelastete Innenleben. Ein dünnflüssigeres Sprühöl lässt sich punktuell oder flächig auftragen. Flüssig- und Sprühwachs wiederum runden eine Ölung ideal ab: indem Wachs geölte Stellen mit einem trockenen Film überzieht, hält es den Schmierstoff länger an Ort und Stelle.

Pflege von außen

An der trockenen Oberfläche bleibt kein neuer Schmutz haften, und das Wachs selbst hat ebenfalls leichte Schmierwirkung. Zur Pflege von Scheibenbremsen empfiehlt sich das gelegentliche Entfetten von Scheibe und Belägen. Bestens geeignet sind spezielle Sprühreiniger auf der Basis von Zitrusölen. Sie tun ihren Dienst auch an Bauteilen wie Ritzelpaketen oder verschmutzten Rahmenbereichen. Zum Oberflächenschutz eignet sich eine Politur. Wie Wachs versiegelt auch sie Metall- und lackierte Oberflächen gegen Witterungseinflüsse und bremst erneute Schmutzanhaf-

tung. Späterer Dreck lässt sich leichter wieder entfernen.

An Reifen und Schlauch

Pudert man einen neuen Schlauch beim Einbau mit Talkum, wird das Verkleben von Schlauch und Reifeninnenseite erschwert. Enge Pneus oder schwierig auszurichtende Ballonreifen gleiten leichter auf die Felge, wenn Sie das schnell und rückstandsfrei verdunstende Montagefluid »Easy Fit« von Schwalbe verwenden. Ein mittelfester Schraubenkleber sichert sich losrüttelnde Schraubverbindungen. Klappernde, lose Speichennippel verfestigt der flüssige »Spoke Freeze«-Kleber.

Pflegemittel: Die Grundausstattung

1 Der Allrounder schlechthin: Universalfett. Dünn aufgetragen, laufen Gewinde besser, Korrosion bleibt außen vor. **2** Eine Alternative für Gewinde oder Sattelstützen: Montagepaste **3** Bleibt auch unter Druck zäh, verharzt nicht und greift weder Metall noch Gummidichtungen an: Lagerfett. **4** Für schwer zugängliche Stellen und saubere Dosierung ideal: Fettspritze. **5** Die Kette dankt's: säurefreies und biologisch abbaubares Kettenöl mit abgestimmter Viskosität. **6** Für größere Flächen oder gezielten Auftrag: dünnflüssiges Sprühöl. Zur Kettenpflege zu dünn! **7** Legt einen Schutzfilm über die geölte Kette: Kettenwachs ergibt eine trockene Oberfläche und hält das Öl an Ort und Stelle. **8** Damit lässt sich bequemer arbeiten: Sprühwachs ist eine Universalwaffe gegen Korrosion am ganzen Fahrrad. **9** Entfettet zuverlässig Bremsscheiben und -beläge: Bremsenreiniger, biologisch abbaubar auf Citrus-Basis. **10** Für blitzende Oberflächen: Metall-Politur. Auch neuer Schmutz bleibt nicht mehr so leicht kleben. **11** Trennt Schlauch und Reifen voneinander: Talkumpuder. **12** Enge Reifenflanken flutschen leichter auf die Felge, Big Apple-Reifen lassen sich besser zentrieren: Easy Fit Montagefluid. **13** Bevor die Schraube abfällt: mittelfester Schraubenkleber verhindert selbstständiges Losrütteln von Schrauben und Muttern. **14** Lose Nippel können nerven: Spezieller Nippel-Kleber verklebt Speichengewinde und -nippel auch nachträglich von außen.

Für porentiefe Sauberkeit

Knirschende Schaltung, Kugellager oder Bremszüge: Sand im Getriebe bremst die teuerste Fahrradtechnik aus. Dabei muss niemand zum Putzteufel werden. Mit gezieltem Einsatz, den richtigen Mittelchen und ein paar Tricks halten Sie Ihre Fahrmaschine in Schuss. Die Technik dankt's mit leichtem Lauf und edlem Glanze.

Fahrradputzen macht nur den wenigsten Menschen Spaß. Vielen ist es gar ein Gräuel. Doch wer Radschmutz einfach ignoriert, zahlt einen hohen Preis. Ein schmuddeliges Rad wird schwergängig und hässlich. Fahrfreude kommt kaum auf, wenn rostige Kette, quietschende Bremsen und trockene Lager jeden Meter zur Qual machen. Ein sauberes und gut gewartetes Fahrrad funktioniert dagegen perfekt, rollt leicht und leise und bringt einfach mehr Fahrspaß.

Genug Gründe also, das unvermeidliche Putzen wenigstens effektiv und zügig zu erledigen. Geeignete Reinigungsmittel, hilfreiche Instrumente und ein geeigneter Putz-Platz machen die Sache halb so schlimm. Spezielle Fahrradreiniger und Entfetter lassen sich komfortabel aufsprühen und lösen angetrockneten Schmutz zuverlässig. Vertrauen können Sie Marken aus dem Fahrrad-Fachhandel wie Atlantic, Hanseline, Holmenkol, Motorex, Pedro's, Shimano, Sonax und vielen anderen. Reiniger sollten biologisch abbaubar sein. Auch »Hausmittel« wie Geschirrspülmittel, Spiritus oder Waschbenzin sind probate Putzhilfen. Gute Dienste tun auch alte Zahnbürsten und, als Lappen zugeschnitten, verschlissene Handtücher.

Nicht verwenden sollten Sie aggressive Mittel wie Lackverdünnung oder scharfe Haushalts-Putzmittel. Die könnten Lack, Reifen oder Gummidichtungen angreifen. Achten Sie auch auf sich selbst: Verwenden Sie Einmal-Handschuhe aus dem Drogeriemarkt oder stellen Sie Handwaschpaste am Waschbecken bereit.

Reinigungsmittel: Das hilft sicher!

1 Mit Schwamm und viel Wasser aus Eimer oder Schlauch entfernen Sie allen trockenen Schmutz. **2** Fetthaltige Rückstände löst ein spezieller Entfetter auf Zitrusöl-Basis ... **3** ... Waschbenzin ... **4** ... oder Spiritus. Wichtig sind Rückstandsfreiheit und gute Verträglichkeit mit Material und Haut. **5, 6, 7** Ein Satz verschiedener Bürsten schäumt Reinigungsmittel auf und rubbelt Schmutzpartikel ab. **8** Entfetter in der Spraydose bringt den Wirkstoff gezielt und sparsam an die erforderlichen Stellen. **9** Der Sprühreiniger fürs ganze Fahrrad lässt sich einfach auftragen und dringt in jeden Winkel. Nach kurzer Einwirkzeit wäscht sich auch hartnäckiger Schmutz leicht ab. **10** Ideal fürs Ritzelpaket: Der gezackte Hebel räumt alle Ablagerungen zwischen den Ritzeln heraus. Die Bürste dient zur anschließenden Feinreinigung. **11** Für Engstellen und Kleinteile sind alte Zahnbürsten ein geeignetes Putz-Werkzeug. **12** Ein Wundermittel, das fast immer funktioniert – und in keiner Werkstatt fehlen darf: WD-40 schmiert, löst rostige Gewinde, unterkriecht Feuchtigkeit, schützt Oberflächen, wirkt als Kontaktspray und kriecht in alle Spalten. **13** Eine Politur lässt Ihren Rahmen blitzen und blinken. **14** Einmal-Handschuhe aus dem Drogeriemarkt schützen Hand und Haut vor aggressiven Mitteln, Schmutz und Fett. **15** Die sollte trotzdem immer in Reichweite stehen: Eine Handwaschpaste macht auch schlimmste Dreckfinger sauber. **16** Gute Lösung für unterwegs: diese Waschpaste funktioniert ohne Wasser. Jede Art Schmutz lässt sich vollkommen trocken von der Hand rubbeln.

Tipps & Tricks

→ Bürsten Sie Flüssigreiniger mit einer alten Zahnbürste auf. Der leichte Schaum dringt besser in die Ecken und Engstellen.

→ Trocknen Sie Ihr Rad nach dem Waschen ab. So entfernen Sie auch im Wasser gelöste Partikel, die sonst einfach wieder antrocknen.

→ Falls Sie einen Hochdruckreiniger verwenden: Richten Sie den Strahl nie direkt auf Lager, Klemmspalte oder Gelenke. Der hohe Druck presst sämtliche Schmierung aus allen Lagern, Rostfraß droht!

Die gründliche Radwäsche

Schmodder am Rad beschleunigt den Verschleiß. Denn Schmutzpartikel an beweglichen Teilen wirken wie Schmirgelpaste. Gönnen Sie Ihrem Bike also eine regelmäßige Grundreinigung, vor allem nach Nässefahrten und vor einer Reparatur. So erkennen Sie auch kleinere Schäden an Rahmen und Teilen frühzeitig.

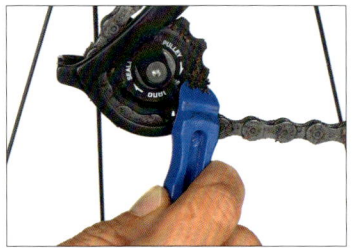

Schaltröllchen freilegen
Hier klebt der Schmutz. Ein Reifenheber ist ideal zum Freikratzen der Röllchen. Kurbeln Sie dann rückwärts und reinigen Sie die von der Kette bewegte Rolle mit einem in Waschbenzin getränkten Lappen nach.

Kette säubern
Sprayen Sie Kettenreiniger auf, bürsten ihn ein und lassen ihn etwas einwirken. Kurbeln Sie die Kette rückwärts zuerst durch ein trockenes, dann durch ein Waschbenzin-getränktes Tuch.

Kettenblätter reinigen
Auch hier hilft Entfetter oder Fahrradreiniger. Aufsprayen, einwirken lassen, mit trockenem Lappen Zahn für Zahn nachwischen. Bei viel Schmutz: Kettenblätter demontieren und einzeln putzen.

Antrieb einweichen
Aufgesprayten Reiniger verteilen Sie mit einer Bürste zwischen Kette und Ritzeln. Lassen Sie ihn einige Minuten einwirken. So erreicht er auch den letzten Winkel.

Grobschmutz entfernen
Zwischen den Ritzelscheiben setzt sich fettiger Dreck ab. Mit einem Reinigungsrechen befreien Sie auch diese Stellen vom gröbsten Schmutz.

Ritzel feinreinigen
Am Ritzelpaket hilft ein straff gespanntes, dickeres Textil, letzte Reste aus den Zwischenräumen zu fischen. Tränken Sie den Stoff mit etwas Waschbenzin.

Auf die Schnelle: Kurz-Putz

Nicht immer ist genügend Zeit für ausgiebige Putzorgien. Damit dennoch nach Nässefahrten nicht sofort der Rostfraß droht:

→ Waschen Sie mindestens Bremsflanken und Felgenbremsbeläge mit viel Wasser ab. Schmutzpartikel wirken wie Schmirgelpaste, das Flankenmaterial schmilzt wie Eis in der Sonne.

→ Wischen Sie den gröbsten Dreck von der Kette. Gönnen Sie ihr dann – noch nass – eine Sprühölbehandlung. Das unterkriecht Feuchtigkeit und dringt auch zwischen Bolzen und Laschen. Ein Stoß Sprühwachs versiegelt, unterstützt die Schmierung und schützt eine Weile vor neuem Schmutz.

Reiniger aufsprayen
Festgebackener Schmutz am Rahmen ist schwer zu entfernen. Verwenden Sie spezielle Fahrradreiniger – der schädigt weder Lack noch Reifen oder Dichtungen. Wichtig: ausreichend einwirken lassen!

Schwamm und viel Wasser
Damit lösen Sie den Rest. Ein Schlauch mit verstellbarer Düse ist ideal dafür, Wasser aus dem Eimer tut's auch. Warmes Wasser mit einem Spritzer Geschirrspülmittel löst den Schmutzbelag am besten.

Konservierung
Legen Sie eine dünne Schicht Sprühwachs auf alle Oberflächen. Das abgetrocknete Wachs versiegelt Spalten gegen eindringende Feuchtigkeit, neuer Schmutz haftet nicht so fest an. Gut nachpolieren.

Fettschmutz entfernen
Besonders fettige Stellen am Rad bekommen Sie mit Waschbenzin wieder sauber. Das relativ sanfte Mittel ist billig und löst Fett tadellos, ohne Lack oder Material zu schädigen.

Disc-Bremsen reinigen
Für Discs benötigen Sie einen speziellen Bremsenreiniger: Verwenden Sie den großzügig, die Teile sollen tropfnass sein und Schmutzpartikel mit wegschwemmen. Das gilt auch für Bremszangen und -beläge.

Tipps & Tricks

Gewachste Oberflächen oder Kettenpflegemittel mit Versiegelungsanteil verringern neue Schmutzanhaftungen erheblich.

Profil säubern
Entfernen Sie eingeklemmte Steinchen mit einem Schraubendreher. Achten Sie dabei auch auf eingedrungene Glassplitter, Risse oder Schnitte im Reifen.

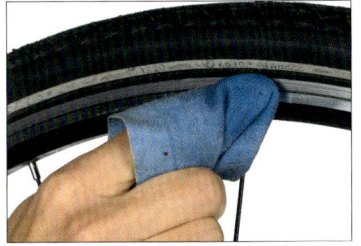

Bremsflanken entfetten
Nach dem Waschen sollten Sie die Bremsflanken Ihrer Felgenbremse entfetten. Verwenden Sie ein fusselfreies Tuch, getränkt mit Waschbenzin oder Spiritus. Die Bremswirkung wird erheblich verbessert.

Bremsbeläge pflegen
Checken Sie die Bremsflächen von Felgenbremsen auf eingedrungene Späne und Partikel. Finden Sie dort Aluspäne, prüfen Sie auch Ihre Felgenflanke. Sie sollten dann auf weichere Beläge umsteigen.

Evolution der Materialien

Der Fahrradrahmen ist Gegenstand ständiger Verbesserung. Immer dünnere Rohrwandungen bei immer höherer Steifigkeit lassen immer leichtere Rahmen entstehen. Neue oder exotische Materialien und verbesserte Fertigungstechniken eröffnen den Herstellern immer wieder erstaunliche Fortschritte. Die Gewichte sinken, der Fahrspaß steigt. Doch auch der Nutzer ist gefordert: Solch ausgereiztes Material ist sehr sensibel.

Stahl Schlanke Rohre, dünn verschweißt oder verlötet, kennzeichnen das Traditionsmaterial.

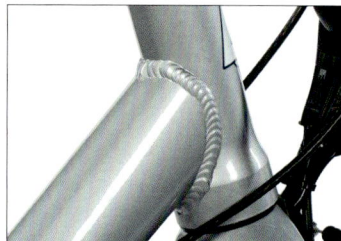

Aluminium Schuppige Schweißnähte und große Rohrvolumina sind Erkennungszeichen.

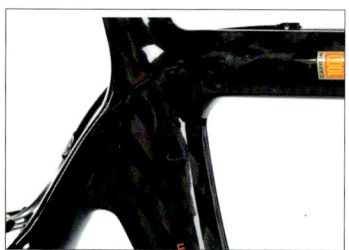

Carbon Wird unverkennbar durch freie Formen und die tief schimmernde Deckschicht.

Titan Sein matter Glanz und extrem filigrane Schweißraupen sind typisch für das edle Metall.

Beim Fahrradrahmen zählen geringes Gewicht und hohe Steifigkeit. Deshalb kommen vorwiegend die Metalle Stahl, Aluminium und Titan als Werkstoff zum Einsatz. Seit wenigen Jahren zählt auch das Verbundmaterial Carbon dazu. Wichtigste Materialanforderungen sind hohe Zugfestigkeit und geringes spezifisches Gewicht: Ein klassischer Diamantrahmen besteht gewissermaßen aus zwei Dreiecken, deren Rohre hauptsächlich auf Zug und Druck belastet werden.

STAHL, meist vergütet als Chrom-Molybdän-Stahl, ist der klassische Werkstoff und noch immer hochaktuell: Stabile Stahlrohre sind in Wandstärken von unter einem halben Millimeter verwendbar. Das Material ist elastisch und erträgt

fahrradspezifische Vibrations- und Zugbelastungen sehr geduldig, ohne zu brechen. Die industrielle Stahlverarbeitung ist ausgereift, wird stetig weiterentwickelt und das Material ist kostengünstig. Stahl-Rahmenrohre werden in Muffen verlötet, direkt miteinander verschweißt oder hartgelötet. Die Rahmen sind einfach zu bearbeiten, langlebig und hoch belastbar bei etwas erhöhtem Gewicht.

ALUMINIUM wird erst durch einlegierte Anteile anderer Metalle vom spröden, weichen Stoff zum belastbaren Rahmenmaterial. Es ist leichter als Stahl, weniger elastisch und erreicht bei vergrößerten Rohrdurchmessern höhere Steifigkeitswerte. Erst seit etwa 20 Jahren wird es in großem Stil

als Rahmenmaterial verwendet. Riesige Fertigungskapazitäten in Fernost mit hoch entwickeltem Know-how machen Alurahmen zu preiswerten Zweirad-Gerüsten, die bei materialgerechter Verarbeitung höhere Stabilität bei geringerem Gewicht als ihre Pendants aus Stahl erzielen.

TITAN ist extrem leicht und hart, doch auch selten und daher sehr kostbar. Seine Bearbeitung verlangt spezielle Kenntnisse: Es muss in sauerstoff-freier Atmosphäre geschweißt werden, die extrem harte Oberfläche lässt sich nur mit gehärtetem Spezialwerkzeug bearbeiten. Titanrahmen sind sehr leicht, komfortabel und unempfindlich gegen Kratzer oder Beulen, aber auch exklusiv und teuer.

CARBON ist das jüngste Rahmenmaterial. Es besteht aus Strängen hauchdünner Kunststofffasern, die, zu Strängen angeordnet und in Kunstharz gefasst, als Matten zu Rohren oder beliebigen anderen Formen gelegt unter Druck und Hitze ausgebacken werden. Sind die extrem zugfesten Fasern entsprechend des Kräfteverlaufs ausgerichtet, erreicht das Material Spitzenwerte in Stabilität bei geringstem Gewicht wie kein anderer Werkstoff. Das Komposit kann nur handwerklich verarbeitet werden. Die Rahmenfertigung ist aufwendig, prüfungs- und kostenintensiv. Doch bei sorgfältiger und perfekter Verarbeitung ist das Potenzial von Carbon im Rahmenbau noch lange nicht ausgereizt.

Arbeiten am Rahmen

Seine tragende Rolle mutet dem Rahmen viel zu. Er ist hohen Biegekräften, zermürbenden Erschütterungen, Korrosion, Wind und Wetter ausgesetzt. Deshalb verdient er Ihre Aufmerksamkeit. Untersuchen Sie Rahmen und Gabel einmal im Jahr genau. Früh erkannte Schäden sind besser als ein harter Sturz!

Rahmen untersuchen
Nach dem Putzen ist penible Sichtkontrolle angesagt: Nutzen Sie die Gelegenheit zum Aufspüren von Lackschäden, verdächtigen Beulen oder gar Rissen am Rahmen.

Stabil klemmen
Konifizierte Rahmenrohre sind extrem dünnwandig. Klemmen Sie Ihr Fahrrad immer an der Sattelstütze in den Montageständer. Ist diese aus Carbon: Verwenden Sie eine alte, passende Metallstütze dafür.

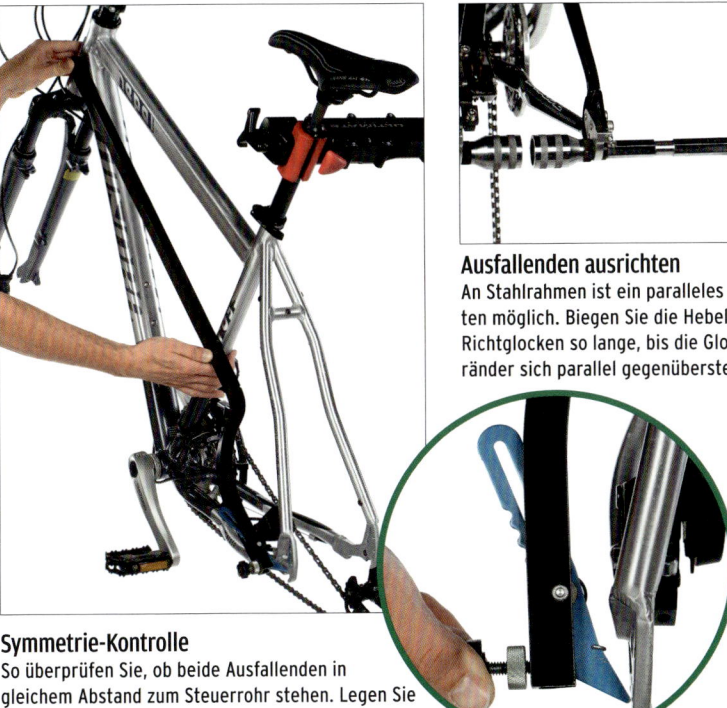

Ausfallenden ausrichten
An Stahlrahmen ist ein paralleles Ausrichten möglich. Biegen Sie die Hebel beider Richtglocken so lange, bis die Glockenränder sich parallel gegenüberstehen.

Symmetrie-Kontrolle
So überprüfen Sie, ob beide Ausfallenden in gleichem Abstand zum Steuerrohr stehen. Legen Sie die Lehre auf beiden Rahmenseiten jeweils mittig an Steuer- und Sitzrohr an, justieren Sie die Spitzen aufs Ausfallende. Die Abstände müssen gleich sein.

Lack und Oberfläche

So schnell ist der Lack ab: Durch Steinschlag, Umfallen oder Autotransport des Zweirads platzt Farbe vom Rahmen. Unbehandelte Lackschäden können Ausgangspunkt für ernsthafte Folgeschäden am Rahmen sein. Denn nicht nur Stahl, auch Aluminium korrodiert. Schieben Sie dem Rostfraß also schnell den Riegel vor.

Schadstelle freikratzen
Entfernen Sie abstehende und lose Lackreste an der Schadstelle mit einer Schraubendreher-Klinge.

Anschleifen
Mit feinem Schmirgelleinen befreien Sie die Stelle von korrodierter Oberfläche und schleifen fest haftenden Lack in der Umgebung leicht an.

Tupflack aufbringen
Nach dem Entstauben tragen Sie mit einem feinen Pinsel passenden Reparaturlack auf. Nach dem Austrocknen leicht beschleifen und ein zweites Mal überlackieren.

Vorsorgen statt reparieren

Lackflächen polieren
Mit Sprühwachs und anschließender Politur bringen Sie die Oberflächen auf Hochglanz und erhöhen gleichzeitig den Schutz gegen Korrosion. Kleine Risse werden so versiegelt.

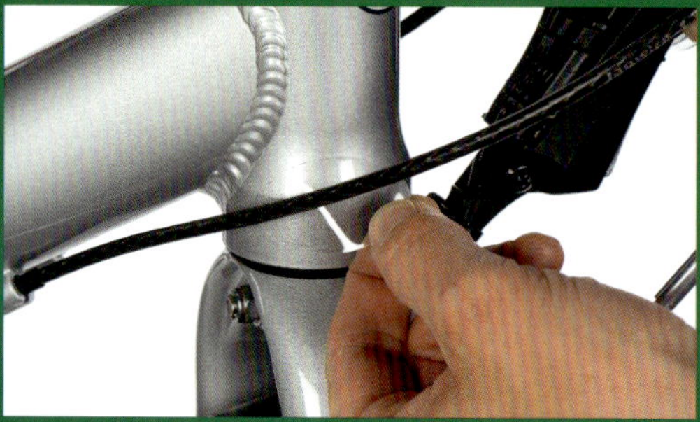

Scheuerstellen vermeiden
Hässliche Scheuerstellen können Sie vermeiden: Sticker aus zäher Klarsichtfolie schützen gefährdete Stellen an Lack und Rohr rechtzeitig. Auch als Steinschlagschutz am Unterrohr!

Kettenstrebe schützen
Vor allem an Kettenschaltungen prügelt der Gliederstrang oft den Lack von der Kettenstrebe. Ein Stück alter Schlauch oder Reifen und einige Kabelbinder machen dem zuverlässig ein Ende.

Das Schaltauge

Der Siegeszug von Aluminium als Rahmenmaterial machte das Schaltauge zum Austausch-Teil. Alu ist spröder als Stahl und bricht früher. Da schützt ein Wechselschaltauge teure Alurahmen vor unnötigem Totalschaden. Ob Sie ein verbogenes Schaltauge richten können oder auswechseln müssen, hängt also vom Material und dem Grad der Beschädigung ab.

Die Vielfalt an Wechselschaltaugen ist immens. Nahezu jeder Modellwechsel führt zu einem Schaltauge mit veränderter Form.

Unser Tipp:
Besorgen Sie ein Ersatzschaltauge gleich beim Kauf eines neuen Fahrrads.

Korrekte Stellung prüfen
Ein Stoß reicht aus und bringt das Wechselschaltauge aus der Fassung. Soll es auch, um den teuren Rahmen zu schonen. Überprüfen Sie deshalb gelegentlich die senkrechte Stellung des Schaltauges.

Schaltauge ausrichten
Anstelle des Schaltwerks eingeschraubt, misst das Richtwerkzeug die Parallelität zur Felge auf eine Radumdrehung. Über den Hebel kann das verbogene Schaltauge behutsam zurechtgebogen werden.

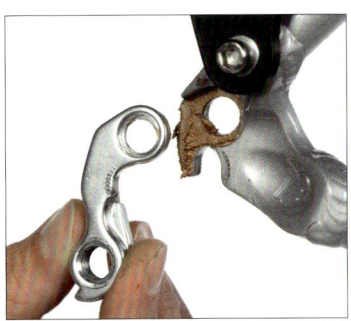

Mit Kupferpaste montieren
Eine lose Halteschraube am Schaltauge kann störendes Knacken verursachen. Verwenden Sie Fett oder Kupferpaste bei der Montage, um Korrosion zu vermeiden.

Tipps & Tricks

→ Rüttelt sich gern mal los: Prüfen Sie die Verschraubung Ihres Wechselschaltauges öfters auf festen Sitz. Ziehen Sie die Schraube(n) gefühlvoll nach. Sichern Sie die Gewinde mit Schraubenkleber.

→ Wechselschaltaugen sind im Notfall schwer zu bekommen. Besorgen Sie rechtzeitig Ersatz im Fachhandel oder direkt beim Radhersteller. Führen Sie auf längeren Touren ein passendes Ersatzschaltauge mit.

→ Radhersteller halten Schaltaugen meist zwischen fünf und zehn Jahren vorrätig.

 Hier finden Sie Ersatzschaltaugen.
Auch in hoffnungslosen Fällen:
www.schaltauge.com; www.betd.co.uk

Das Sitzrohr

Auf das Sitzrohr wirken starke Hebelkräfte. Bei jeder Erschütterung des Rads sind Sattel, Stütze und Sitzrohr einem Vielfachen des Fahrergewichts ausgesetzt. Deshalb ist besonders wichtig, dass die Bauteile formschlüssig und ungestört zueinanderpassen und zerstörungsfrei geklemmt sind.

Sitzrohr glätten
Befreien Sie das Innere des Sitzrohrs an den Rohrenden und den Kontaktstellen mit Oberrohr und Sitzstreben von Graten. Die Sattelstütze soll sich widerstandsfrei und ohne Kratzer auf und ab bewegen lassen.

Sattelstütze fetten
Fetten Sie die Sattelstütze dünn, bevor Sie sie montieren. Dann bleibt sie auch nach langer Zeit an einer Position noch beweglich. Besonders Alustützen und Stahlrahmen korrodieren sehr schnell aneinander.

Klemmschellen-Tausch
Möchten Sie eine geschraubte gegen eine Schnellspanner-Schelle tauschen, oder umgekehrt: Sitzrohr-Außendurchmesser und Schellen-Innenmaß müssen genau zueinanderpassen.

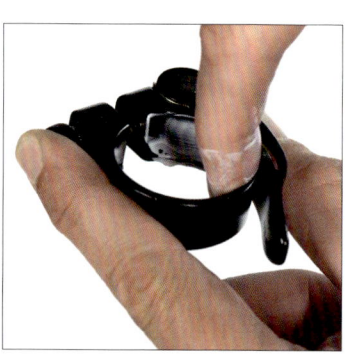

Klemmschelle fetten
Unter dem Kragen der Klemmschelle sammeln sich Feuchtigkeit und Schmutz. Nehmen Sie die Schelle etwa einmal im Jahr ab, reinigen und fetten Sie Schelleninnenseite und Klemmmechanismus.

Integrierte Klemmung
An Stahlrahmen wird die Klemmung oft am Rohrende verschweißt. Achten Sie hier auf Risse im Material! Links steckt die Gewindebuchse in einer Fixiernut, rechts die Schraube. Fetten Sie das Schraubgewinde.

Einstecktiefe beachten
Die Markierung der Mindest-Einstecktiefe auf der Sattelstütze darf im montierten Zustand nicht sichtbar sein. Falls keine Markierung existiert, soll das Rohr unterhalb des Knotens Oberrohr/Sitzstreben im Sitzrohr enden.

Das Steuerrohr

Ist die Lenkung an bestimmten Stellen schwergängig, kann das daran liegen, dass die Steuerlager nicht parallel im Steuerrohr sitzen. Ursache können ein schräger Zuschnitt des Steuerrohrs oder unebene Lackschichten am Rohrende sein. Mit dem Steuerrohr-Fräswerkzeug lassen sich beide Störfaktoren beseitigen.

Lagersitze einpressen
Steuerlager müssen gleichzeitig und planparallel zueinander ins Steuerrohr gepresst werden. Dazu brauchen Sie Spezialwerkzeug: Eine Schraubspindel presst beide Lagersitze behutsam ins Rohr.

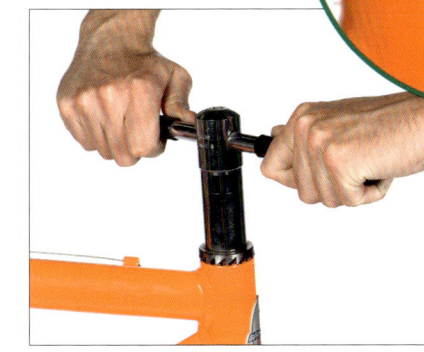

Steuerrohr planfräsen
Damit die Lagersitze parallel stehen, ist es nötig, sie vom Lack zu befreien oder die Rohrenden planzufräsen. Dazu wird ein spezieller Fräser mit passendem Durchmesser ins Rohr gespannt.

Tretlagergewinde schneiden und fetten

In der Tretlagerhülse lagern sich im Lauf der Zeit Feuchtigkeit und Schmutz ab. Innenlagergewinde, ob von Patronen- oder integrierten Lagern, sind korrosionsgefährdet und drohen festzufressen. Demontieren Sie die Innenlager einmal im Jahr und reinigen Sie dieses Rahmenteil. Sitzt am tiefsten Punkt der Tretlagerhülse eine Bohrung, halten Sie diese frei: Hier kann Kondensfeuchtigkeit abfließen.

Gewinde nachschneiden
Läuft das Gewinde durch Montagefehler oder Korrosion nicht mehr einwandfrei, können Sie es nachschneiden. Verwenden Sie dabei immer Schneidöl. Achtung! Linke Seite: Rechtsgewinde. Rechte Seite: Linksgewinde.

Gewinde fetten
Geben Sie reichlich Fett ins Gewinde, bevor Sie das Innenlager montieren. So bekommen Sie die Lager auch nach längerer Zeit wieder auf, ohne den Rahmen zu schädigen. Das gilt erst recht für Carbonrahmen mit einlaminierten Tretlagergewinden.

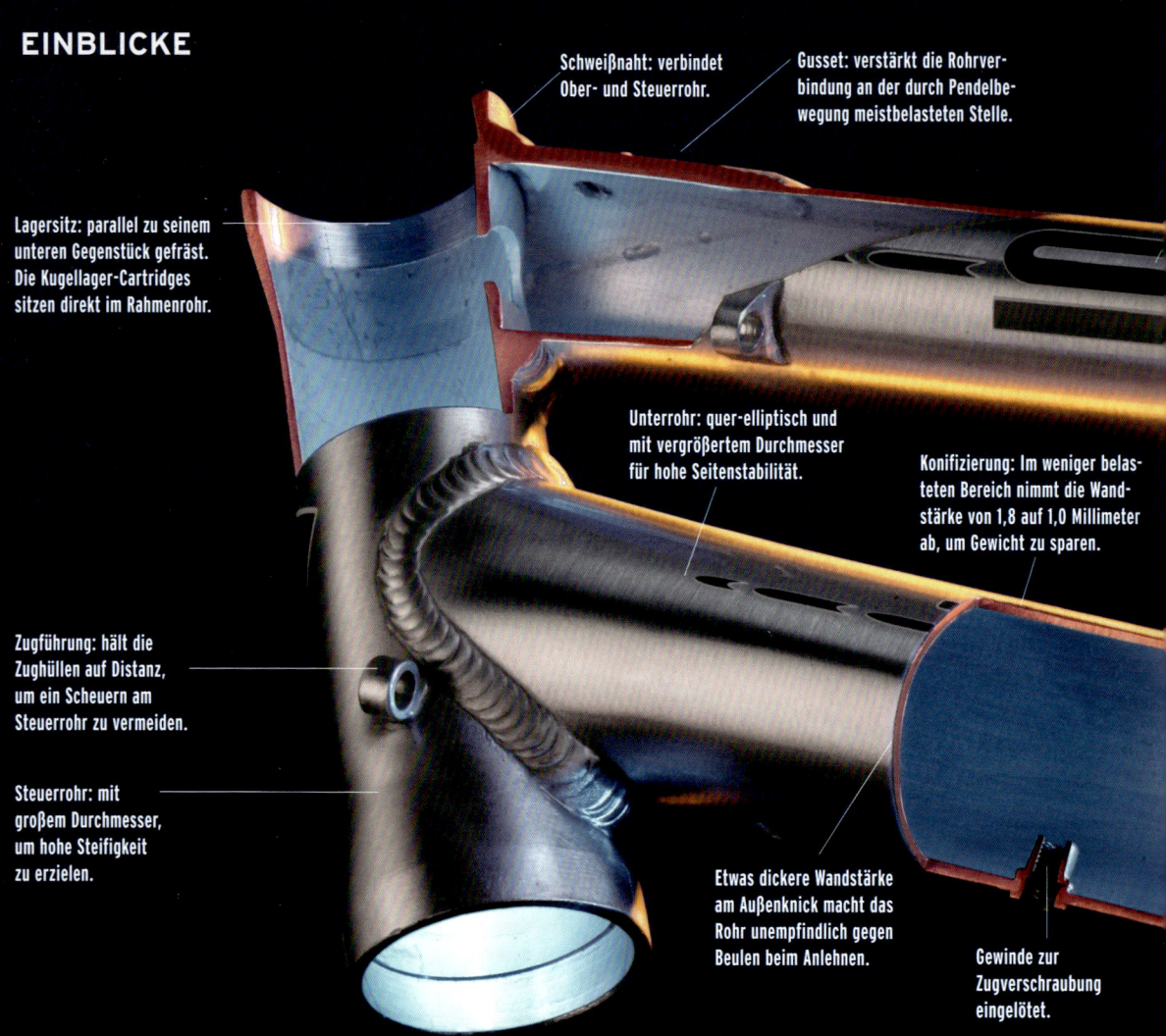

Schweißnaht: verbindet Ober- und Steuerrohr.

Gusset: verstärkt die Rohrverbindung an der durch Pendelbewegung meistbelasteten Stelle.

Lagersitz: parallel zu seinem unteren Gegenstück gefräst. Die Kugellager-Cartridges sitzen direkt im Rahmenrohr.

Unterrohr: quer-elliptisch und mit vergrößertem Durchmesser für hohe Seitenstabilität.

Konifizierung: Im weniger belasteten Bereich nimmt die Wandstärke von 1,8 auf 1,0 Millimeter ab, um Gewicht zu sparen.

Zugführung: hält die Zughüllen auf Distanz, um ein Scheuern am Steuerrohr zu vermeiden.

Steuerrohr: mit großem Durchmesser, um hohe Steifigkeit zu erzielen.

Etwas dickere Wandstärke am Außenknick macht das Rohr unempfindlich gegen Beulen beim Anlehnen.

Gewinde zur Zugverschraubung eingelötet.

Nicht einmal zwei Kilo wiegt heute ein moderner Alurahmen. Doch er trägt das bis zu 70-Fache seines Eigengewichts: 140 Kilo. Und hält der Dauerbelastung durch Wiegetritt, Fahrbahnstöße und Gepäcktransport stand, ein ganzes Fahrradleben lang. Höchste Stabilität und Langlebigkeit bei geringstmöglichem Gewicht ist in der Leichtbaudisziplin »Rahmenbau« oberste Maxime: Die Leistung des menschlichen Motors ist schließlich begrenzt. Da soll sie auch so effizient wie möglich genutzt werden können.

Also tasten sich die Rahmenbauer mit ihrem Material immer weiter an die Grenzen heran. Wandstärken werden heruntergefahren auf bis zu 0,5 mm und die Rohrdurchmesser erhöht, um höchstmögliche Biegesteifigkeit und eine möglichst stabile Abstützung an den Fügestellen zu erreichen. Unter der Voraussetzung, dass der Konstrukteur den genauen Kraftverlauf in einem Fahrradrahmen kennt, können Rahmenrohre exakt auf die Belastung in ihrem jeweiligen Segment abgestimmt werden. Bei gleicher Steifigkeit wie ein Stahlrohr von 28,6 mm Durchmesser und 0,6 mm Wandstärke müsste ein

Alurohr bei gleichem Durchmesser eine Wandstärke von 4 mm aufweisen. Es wäre dadurch jedoch doppelt so schwer. Erhöht man jedoch den Rohrdurchmesser auf 40 mm, benötigt man nur noch 0,9 mm Wandstärke: das Alurohr wird 25 % leichter als sein Stahl-Pendant.

Von außen erkennbar ist das nicht. Sichtbar sind nur die Außenform eines Rohrs und die Güte der Schweißnaht. Ist sie so regelmäßig geschuppt wie eine Raupe, spricht das für hohe Sorgfalt und materialschonendes Schweißen. Temperaturschwankungen oder unregelmäßiger Schweißauftrag

Herzstück

Einblicke in einen modernen Fahrradrahmen

können durch Einbrennen zu Rissbildung oder Ermüdungsbruch entlang einer Schweißnaht führen. Die Molekülstruktur von Aluminium wird durch die Hitze beim Schweißen verändert. Doch eine kontrollierte Wärmebehandlung kann die ursprüngliche Festigkeit des Materials wiederherstellen. Diese Ausrichtung der Molekülstruktur durch Wärmebehandlung steckt hinter den Kürzeln »T4/T6« der Sortenbezeichnung Aluminium 7005 oder 6061. Die vierstelligen Zahlen charakterisieren die Legierungskomponenten eines Alurohres: Reines Aluminium wäre zu weich und wenig zugfest. So werden im flüssigen Materialzustand Kupfer, Magnesium, Zink oder Scandium zugemischt. Erst dadurch erhält man die erwünschten Eigenschaften wie erhöhte Zugfestigkeit, geringe Korrosionsanfälligkeit, hohe Härte und gute Schweißfähigkeit. Aluminium wird seit etwa 20 Jahren im Rahmenbau verwendet und hat sich als ideales Material herausgestellt. Heutige Rahmen sind, aufgrund der langen Erfahrung und großer Produktionskapazitäten vor allem in Taiwan, ausgereift, unkompliziert zu fertigen und bieten ein sehr gutes Verhältnis von Steifigkeit zu Gewicht. Mit seiner guten Verarbeitungsfähigkeit ermöglicht Alu ausgeklügelte Konstruktionen, zum Beispiel an Ausfallenden oder bei Rohrquerschnitten und -formen. Durch jahrzehntelang gereifte Fertigung und nicht zuletzt durch gute Recycling-Fähigkeit sind Rahmen aus Aluminium heute zu preisgünstigen und robusten Hightech-Produkten mit überragenden Fähigkeiten geworden. Ein VW Golf müsste zum Vergleich mit seinem Leergewicht von 1155 Kilo so viel wie zwei Vierzig-Tonner transportieren. Erlaubt ist ihm eine Zuladung von gerade einmal 585 Kilo!

Die Gabel

Als wesentlichem Bestandteil des Fahrradrahmens kommt der Gabel große Bedeutung zu. Sie führt das lenkbare Vorderrad und beeinflusst durch Form und Beschaffenheit auch erheblich das Fahrverhalten des Rads.

Alugabeln sind ausgereift und solide. Sie können leicht und doch fahrstabil gebaut werden.

Mit Carbon lässt sich das Gabelgewicht deutlich reduzieren. Voraussetzung: solide Verarbeitung.

Je nachdem, wie hoch die Gabel über dem Vorderrad baut, rücken Rahmen und Lenker in die Höhe, der Fahrer sitzt mehr oder weniger aufrecht. Je stärker und weiter die Gabelenden nach vorn gebogen sind, desto mehr kann einerseits das Vorderrad flexen, andererseits macht das den Radstand länger und dadurch die Lenkung träger. Gabeln können leicht ausgetauscht werden: Statt einer Starrgabel kann eine Federgabel ins Rad gebaut werden

achse. Ein Zentimeter mehr Höhe lässt den Lenkwinkel um etwa ein halbes Grad flacher, das Gefährt damit laufruhiger werden. Auch

höhe ausgerichtet, die die Dimensionen einer Federgabel haben, um einen späteren Austausch einfach zu machen. Starrgabeln sind für 26- oder 28-Zoll-Laufräder erhältlich. Als Material kommen Stahl, Aluminium oder Carbon infrage. Auch bei Carbon-Holmen sind oft Brücke und Schaftrohr zugunsten höherer Stabilität und unkomplizierterer Handhabung aus Aluminium gearbeitet. Gabelschaftrohre aus Carbon sind oft spürbar verwindungsanfälliger als Aluschäfte, zudem muss eine materialgerechte Schaftrohr-Innenklemmung verwendet werden.

Ausgestattet sind heutige Gabeln meist mit allen Befestigungsmöglichkeiten für Schutzbleche, Licht, Felgen- oder sogar Scheibenbremsen. Oft sind sogar Gewinde für einen Vorderrad-Gepäckträger und die verdeckte Verlegung des Nabendynamokabels vorhanden.

Charakteristische Schweißnähte und Magnetismus sind das Erkennungszeichen einer Stahlgabel. Der Werkstoff ist besonders zäh, langlebig und kann, entsprechende Bauweise vorausgesetzt, komfortabel flexen.

und umgekehrt. Voraussetzung ist eine vergleichbare Bauhöhe. Das ist das Maß vom Sitz des Gabelkonus bis zur Mitte der (leeren) Vorder-

der Radstand wächst durch mehr Bauhöhe einige Millimeter. Einige Trekkingrahmen werden von vornherein auf Starrgabeln großer Bau-

Gabel: Ein- und Ausbau

Ob Sie den Steuersatz warten oder Ihre Gabel gegen eine andere tauschen möchten – die Gabel muss raus. Der Aus- und Einbau gelingt leicht, wenn die Reihenfolge der Arbeitsschritte klar ist. Die Ausgangsposition: Das Rad hängt sicher im Montageständer. Vorderrad, Bremse, Licht, Kabel und Schutzblech sind entfernt.

Vorbauklemmung öffnen
Öffnen Sie zuerst die Klemmung des Vorbaus. Sind es zwei Schrauben, gehen Sie abwechselnd und schrittweise vor. Lösen Sie anfangs nur eine Umdrehung der einen, dann wieder der anderen Schraube.

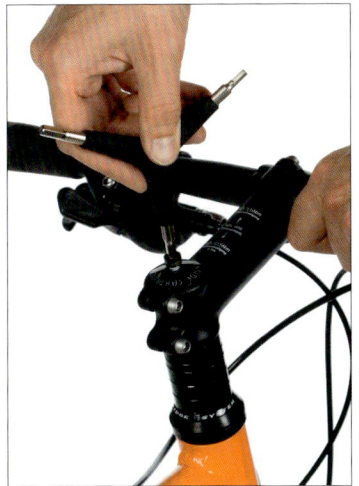

Vorbaudeckel abschrauben
Drehen Sie jetzt die senkrechte Schraube aus dem Gewinde in der Gabelkralle und nehmen Sie den Vorbaudeckel ab. Achtung: Ab jetzt kann die Gabel nach unten herausfallen – halten Sie von unten gegen.

Vorbau abnehmem
Heben Sie Vorbau samt Lenker ab und hängen ihn vorsichtig neben das Steuerrohr. Nehmen Sie dann alle Spacer und die oberen Teile des Steuersatzes ab. Legen Sie die Teile der Reihenfolge nach beiseite!

Gabel abziehen
Sollte die Gabel nicht von selbst aus dem Steuerrohr gleiten, helfen Sie mit leichten Schlägen eines Schonhammers etwas nach. Oft sind Lagerpassung oder Zentrierring so eng, dass der Gabelschaft darin feststeckt.

Steuersatz-Lager entnehmen
Heben Sie nun die oberen und unteren Kugellager des Steuersatzes ab. Sind die Kugeln lose, sichern Sie das untere Rohrende mit einem Lappen und picken die Kugeln vorsichtig aus der Lagerung.

Unteres Kugellager abnehmen
Nehmen Sie auch das untere Kugellager vom Gabelschaft. Bei integriertem Steuersatz kann die Cartridge auch im Steuerrohr stecken. Hebeln Sie sie mit den Fingern aus ihrem Sitz in der Rohrfräsung.

Gabeltausch

Möchten Sie Ihre Gabel mit Ahead-System – und Alu- oder Stahlschaft – gegen eine neue tauschen, finden Sie hier die Anleitung dazu. Stellen Sie vorweg sicher, dass die Einbaulänge der neuen nicht wesentlich von der der alten Gabel abweicht. Denn eine veränderte Gabellänge hat deutlichen Einfluss auf das Fahrverhalten des ganzen Fahrrads.

Einbauhöhe ermitteln

Entfernen Sie das Vorderrad und stecken Sie eine leere Schnellspannachse in die Ausfaller. Messen Sie nun die Distanz vom Ende des Schaftrohrs, wo auch der Gabelkonus sitzt, bis zur Mitte der Achse. Gleich lang sollte idealerweise auch die neue Gabel sein.

Schaftlänge markieren

Stecken Sie die neue Gabel lose mitsamt Spacern und Steuerlager in den Rahmen und markieren Sie die gewünschte Länge des Schaftrohrs.

Schaftrohr schneiden

Kürzen Sie das Schaftrohr etwa 3 mm unterhalb dieser Markierung mit einem Rohrschneider exakt senkrecht zur Längsachse. Für Stahl- und Aluschäfte gibt es entsprechende Schneiderollen.

Richtige Schaftlänge

Nach dem Einbau steht der Vorbau nun 3 mm über. Da der Vorbaudeckel das Lagerspiel reguliert, darf er nicht auf dem Schaftrohr aufsitzen.

Kante brechen

Um sich nicht zu verletzen und die Passung spanfrei zu halten, brechen Sie die Schnittkanten auf der Innen- und Außenseite des Rohrendes mit einer Feile.

Kralle einschlagen

Die Gewindekralle für den Vorbaudeckel schlagen Sie am einfachsten mit einem Werkzeug ins Schaftrohr, dessen Führung den rechten Winkel sicherstellt (z. B. Park Tool NTS-23).

Einschlagwinkel sichern

Alternativ können Sie einen alten Vorbau halb aufs Schaftrohrende aufsetzen. Er führt das einfache Einschlagwerkzeug im 90°-Winkel. Schlagen Sie beherzt zu!

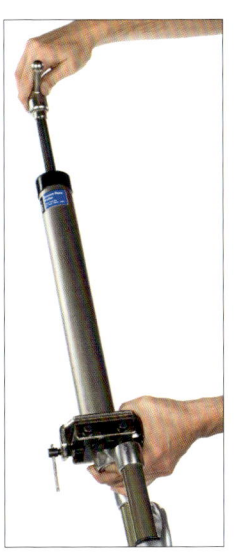

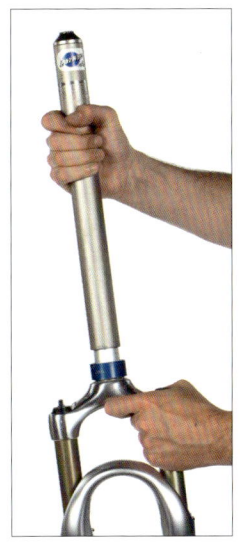

Geschlitzter Konus
Ideal zu wechseln ist ein geschlitzter Konusring. Der lässt sich ohne Spezialwerkzeug leicht mit dem Schraubendreher abhebeln.

Lagerkonus abziehen
Zum Entfernen des Gabelkonus verwenden Sie den Abzieher oder hebeln ihn mit einem Schraubendreher vorsichtig ab.

Lagerkonus aufschlagen
Setzen Sie den Konusring an die leicht gefettete Verdickung des Schaftrohrs und klopfen Sie ihn ringsum plan an seinen Platz.

Tipps & Tricks

Verwenden Sie einen geschlitzten Gabelkonus. Sie können Ihren Konus auch einfach aufsägen. So lässt sich der Ring jederzeit einfach wechseln.

Gewindegabel

Nasenscheibe entfernen
Die beiden Muttern entkoppelt ein Sicherungsring, dessen Nase in einer Nut des Schaftrohrs läuft. Nehmen Sie den ab, bevor Sie die untere Mutter abschrauben.

Vorbau entfernen
Öffnen Sie die senkrechte Vorbauklemmschraube, meist mit einem 6er-Inbus. Klopfen Sie einmal mit dem Hammer auf die Schraube, um den Klemmkonus zu lösen. Dann Vorbau und Lenker abnehmen.

Konterung öffnen
Öffnen Sie nun die gekonterten Haltemuttern. Deren untere reguliert das Spiel des Steuerlagers. Die obere wird gegen sie gekontert. Dazu brauchen Sie zwei 32- oder 36-mm-Schlüssel.

Schaftlänge einhalten
Hier haben Sie nicht die Wahl der Schaftrohrlänge, wie beim Aheadsystem. Das Gewindeschaftrohr muss ca. 3 mm unterhalb der Kragen-Innenkante der oberen Kontermutter enden.

Sonderfall Carbonschaft

Besteht auch das Schaftrohr Ihrer Carbongabel aus dem Verbundwerkstoff, müssen Sie beim Gabel-Ersteinbau einige Besonderheiten beachten. Vorsicht auch bei der Verbindung zum Vorbau. Zu hohe oder punktuelle Klemmkräfte sind hier unbedingt zu vermeiden. Das Material reagiert extrem sensibel.

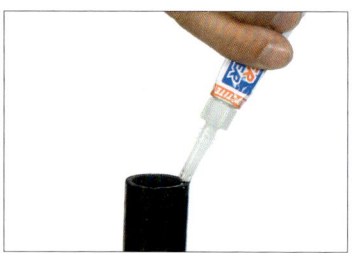

Carbonschaft kürzen
Schneiden Sie das Carbonrohr mit dem neuen Blatt einer Metallsäge und, für rechtwinklige Schnittführung, in einer einstellbaren Lehre. Atmen Sie den feinen Schnittstaub nicht ein!

Kante brechen
Die Schnittkanten glätten Sie mit einem neuen Stück feinem Schmirgelleinen (180 oder 220er Körnung), indem Sie innen und außen am Rohrende ausschließlich in eine Richtung längs zur Faserrichtung arbeiten.

Schnittkante versiegeln
Da Carbonfasern Feuchtigkeit anziehen und aufquellen können, sollten Sie frische Schnittkanten mit Sekundenkleber versiegeln. Nach dessen Abbinden können Sie weiterarbeiten.

Eine scharfkantige Gewindekralle würde die filigrane Faserstruktur des Carbonschaftrohrs zerstören. Deshalb kommt hier die großflächige Segmentklemmung zum Einsatz.

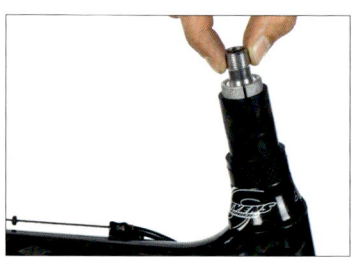

Segmentklemmung aus- und einbauen
Beim Öffnen kann die Klemmung nach innen fallen. Spannen Sie die Klemmung zum Einbau so knapp vor, dass die Einheit gerade noch ins Schaftrohr gleitet. Ziehen Sie nach Vorschrift fest.

Segmente fetten
Durch präzises Fetten von Innengewinde und Segmentinnenflächen erreichen Sie eine optimal verteilte, materialschonende Klemmspannung. Kein Fett darf ans Carbonrohr gelangen!

Steuersatz

Das »Zentrallager« bedarf regelmäßiger Zuwendung, vor allem nach Regenfahrten oder am Saisonende. Verschlissene Lager beeinträchtigen die Leichtgängigkeit der Lenkung massiv, sie sind aufwendig und teuer zu tauschen. Häufiges Reinigen und ab und zu eine neue Fettpackung lohnen sich.

Vollintegrierter Steuersatz
Die Lagersitze sind direkt ins massive Steuerrohr gefräst. Liegen die Fräsungen nicht exakt parallel, ist die Drehbarkeit der Gabel behindert – ein Reklamationsfall!

Semi-integrierter Steuersatz
Hier dienen austauschbare Lagerschalen als Lagersitz – die reparaturfreundlichere Variante. Denn alle Komponenten des Lagers können im Notfall ersetzt werden.

Lager ausbauen

Nehmen Sie nacheinander Vorbau, Spacer-Ringe und Lagerdeckel ab. Oft steckt direkt auf der Lager-Cartridge ein geschlitzter Zentrierring. Hebeln Sie ihn mit einer Klinge auf, falls er den Ausbau blockiert.

Kugellager entfernen

Das Lager selbst besteht aus einem offenen oder geschlossenen Kugellager-ring. Offene Kugeln sollten Sie mit besonderer Vorsicht von der Lauffläche nehmen.

Kugellauffläche prüfen

Untersuchen Sie die gereinigte Kugellauffläche offener Lager auf Rillen oder Unregelmäßigkeiten. Ist sie beschädigt, muss das Lager getauscht werden.

Lager reinigen und fetten

Hier gilt: Viel hilft viel. Versorgen Sie alle Zwischenräume, Lagerspalte und die Einzelteile ringsum mit Lagerfett. Wischen Sie überschüssiges Fett nach dem Zusammenbau wieder ab.

Lagerschale mit eingepresstem Lagerring. Nicht öffnen!

Austauschbares Patronen-Kugellager, sogenannter Cartridge-Ring. Bitte nicht öffnen!

Lagerschale mit eingelegtem, offenem Lagerring.

Lagerschalen-Tausch

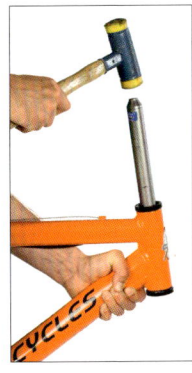

Lagerschale ausschlagen

Die gespreizten Enden des Ausschlägers sitzen innen auf dem Lagerflansch: Mit beherzten Schlägen klopfen Sie die Schale aus dem Rohr. Halten Sie den Rahmen mit der anderen Hand dagegen.

Lagerschalen einpressen

Wichtig: Beide Lagerschalen müssen gleichmäßig und parallel zueinander im Steuerrohr sitzen. Das Einpress-Werkzeug erledigt dies in einem Arbeitsgang.

Lagerspiel checken

Prüfen Sie abschließend das korrekte Lagerspiel: Ruckeln Sie das Rad bei blockiertem Vorderrad vor- und rückwärts. Wenn die Finger am unteren Lager dabei keine Bewegung im Spalt wahrnehmen, sich die Gabel aber widerstandsfrei drehen lässt, ist das Lagerspiel optimal eingestellt.

Alles über Carbon

Carbon ist ein besonderer Stoff: Das extrem leichte und steife Material besteht aus Millionen hauchdünner Fasern, die, in Kunstharz gebunden, in Faserrichtung hohen Zugkräften widerstehen. Auf seitlich dazu wirkende oder zu hohe Kräfte reagiert das spröde Leichtbaumaterial kritisch: Es ist extrem empfindlich gegen Druck und kann unvermittelt brechen. Auch innerhalb der Faserstruktur können, von außen unsichtbar, Schäden auftreten. Deshalb müssen Carbonbauteile mit besonderer Vorsicht montiert und benutzt werden. Achten Sie penibel auf eventuelle Riss- oder Beulenbildungen. Tauschen Sie beschädigte Teile sofort aus.

Gewinde fetten
Beim Losdrehen festkorrodierter Bauteile wie dem Innenlager könnten Gewinde aus ihrer Laminierung gerissen werden. Fetten Sie deshalb alle Gewinde an Carbonrahmen.

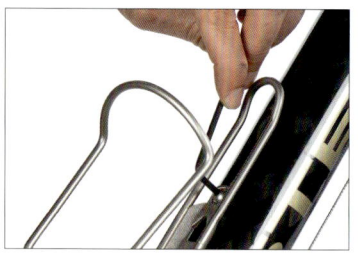

Schrauben mit Gefühl
Wo keine konkreten Drehmomente vorgegeben sind, sollten Sie mit Gefühl schrauben. Sichern Sie nicht-rüttelfeste Schrauben mit Schraubenkleber.

Materialspalte schützen
An den Spalten von genieteten Zuganschlägen oder Ähnlichem an Carbonrahmen kann Feuchtigkeit eindringen und das Material zerstören. Wachsspray schützt.

Materialgerechte Klemmungen
Am Sitzrohr im Carbonrahmen vermeiden Mehrfach-Schlitze zu hohe, punktuelle Materialbelastungen an der Klemmstelle. Hier Carbonstützen mit Paste montieren!

Alu-Inserts stabilisieren
Besonders belastete Stellen wie das Sitzrohr sind oft zusätzlich mit Aluminium armiert. Eine Carbonstütze wird hier trocken, ohne Paste, ohne Fett, montiert.

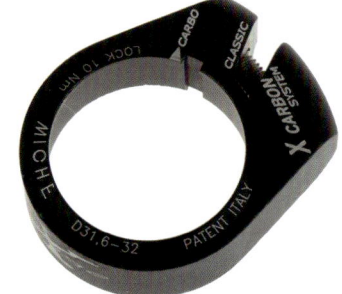

Spezielle Klemmschellen verteilen ihre Klemmkraft durch gezielt positionierte Schlitze gleichmäßig auf den gesamten Rohrumfang. Besonders für Carbonrahmen empfehlenswert!

Carbon auf Carbon:

Die spezielle Montagepaste enthält Kunststoffpartikel, die unter Druck gequetscht werden und ihre Oberfläche vergrößern. Dadurch wächst die Haltekraft einer Klemmung. Fett wäre hier absolut Fehl am Platz!

Carbon-in-Carbon-Klemmungen
Verwenden Sie hier Carbonmontagepaste. Bringen Sie niemals Fett an Carbonteile: Die Klemmkräfte wären nicht mehr ausreichend, weil Fett die Haftreibung reduziert.

Verdrehsicherheit prüfen
Checken Sie alle Klemmstellen auf Verdrehfreiheit. Drehen Sie die Stütze ruckartig am Sattel. Erhöhen Sie das Drehmoment so lange, bis die Klemmung stabil ist.

Carbonlenker kürzen
Nur, wenn's die Bedienungsanleitung erlaubt! Wichtig sind ein scharfes Sägeblatt, möglichst neu, und ein senkrechter Schnitt. Verwenden Sie eine Schneidlehre. Atmen Sie keinen Sägestaub ein.

Kante brechen
Mit einem frischen Stück Schmirgelleinen arbeiten Sie in eine Richtung parallel und längs zur Faserbelegung. Versiegeln Sie die Schnittkante mit Sekundenkleber. Das vermeidet Feuchtigkeitsschäden.

Mehrschrauben-Klemmungen
Ziehen Sie mehrere Schrauben abwechselnd über Kreuz fest. Die Klemmspalte oben und unten sollten gleich und parallel sein. Verwenden Sie einen Drehmomentschlüsel auf die letzten Gewindegänge.

Drehmomente einhalten
Ziehen Sie Klemmschrauben zuerst nur handfest. Benutzen Sie für die letzten Umdrehungen den Drehmomentschlüssel. Tasten Sie sich dabei von unten her ans Wert-Maximum heran. Prüfen Sie die Verdrehfestigkeit. Ziehen Sie beide Schrauben gleichmäßig an. Achten Sie auf einen gleichmäßigen Klemmspalt.

Tipps & Tricks

➜ Man kann es nicht oft genug sagen: Halten Sie, speziell an Carbonlenkern, aber auch an allen anderen Carbon-Klemmstellen unter allen Umständen die Drehmoment-Vorgaben der Hersteller ein. Jüngste Tests haben gezeigt, dass Carbonlenker schon ab 150 % der Wertvorgaben unvermittelt brechen können. Ohne Drehmoment-Schlüssel haben Sie keine Chance, die Klemmkräfte zu kontrollieren.

➜ Verwenden Sie bei Klemmverbindungen kein Fett an Carbonteilen. Fett reduziert die Haftreibung auf der glatten Carbonoberfläche, was dazu führt, dass die Klemmverbindungen mit den vorgegebenen Drehmoment-Limits nicht mehr ausreichend sicher sind.

➜ Montieren Sie Carbon in Alu oder umgekehrt immer trocken. Verwenden Sie Carbonmontagepaste, beispielsweise von Dynamic, wenn Carbon in Carbon geklemmt wird. Verformbare Kunststoffpartikel in der Paste vergrößern die haftfähige Oberfläche zwischen den Teilen und erhöhen so die Haftreibung bei gleichbleibendem Maximal-Drehmoment.

Regelmäßige Kontrolle
Dieser Lenker war zu fest im Vorbau geklemmt. Die Klemmstelle hat bereits Einschnürungen hinterlassen, ein plötzlicher Lenkerbruch kann nicht ausgeschlossen werden. Sofort tauschen!

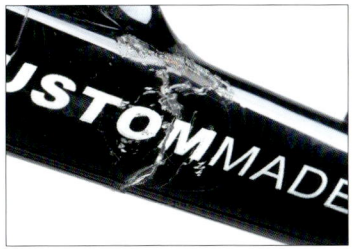

Carbon »flicken«
Es ist möglich, Risse an unbelasteten Stellen des Rahmens durch auflaminierte Bandagen zu reparieren. Dieser Schaden jedoch ist irreparabler Schrott.

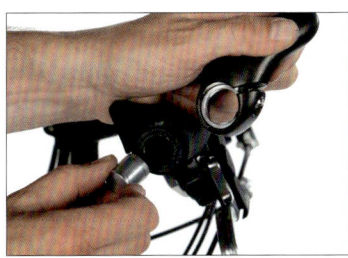

Hörnchen am Carbonlenker
Verwenden Sie massive Alu-Lenkerstopfen als Widerlager für Hörnchen-Klemmschellen. Die Klemmkräfte könnten sonst das Lenkerende beschädigen.

Aktives Fahrwerk

- Stahl- und Luftfedergabel
- Hinterbaufederung montieren, warten und einstellen

Fahren wie auf Wolken

Mit dem Erfolg gefederter Montainbikes wuchsen auch die Begehrlichkeiten der Trekkingbiker. Wieso sollten sie auf komfortable Fahrwerke verzichten? Mit einem Mal überschwemmten vollgefederte Alltagsräder die Shops.

Doch der Erfolg war ein Strohfeuer: Was da um die Jahre ab 2000 als Vollfederung verkauft wurde, war, spätestens nach einer Fahrradsaison, oft nur noch zäher, schwerer Ballast. Die Versuche der Hersteller, die Vollfederung bis in untere Preisregionen durchzureichen, schürte zuerst viele Erwartungen, dann massenhaften Frust. Federgabeln und Hinterbau-Dämpfer arbeiteten nur widerwillig, waren kaum einzustellen und führten die Leichtigkeit des Radfahrens ad absurdum. Die Rahmen gefederter Bikes brachten unnötiges Zusatzgewicht auf die Waage, blieben konstruktiv unbefriedigend,

nicht im erforderlichen Umfang verkaufen. Deshalb bieten wir nur im Billigsegment mit. Diese Haltung hat das Thema lange geprägt. So entstand nach einer anfänglich riesigen Nachfrage gleich wieder der Gegentrend: Eine simple, unkomplizierte und vor allem leichte Technik war gefragt. Die bis dahin fast ausgestorbene Starrgabel wurde plötzlich auch am hochwertigen Rad wieder nachgefragt. Federung wurde zum Nischenthema: Ein paar Spezialisten bieten funktionierende, zuverlässige Lösungen für Reiseradler und Vielfahrer, die bereit sind, einen hohen Entwicklungs- und Herstellungsaufwand auch zu honorieren. Hier findet sich sensible Federungstechnik auf hohem bis höchstem Niveau: Feder-

Die ideale Trekkinggabel federt sensibel und bietet allen erforderlichen Anbauteilen Platz.

Geometrie ein Wippen bei Antritt unterdrückt und beim Bremsen nicht einsackt – erst das Zusammenspiel aller beteiligten Komponenten entscheidet über die Fahrwerksqualitäten eines Fahrrads. Anspruchsvolle Federungstechnik ist sensibel, sie will verstanden, richtig eingestellt und regelmäßig gewartet werden. Sie hat ihren Preis und sie fordert einen kompetenten Nutzer. Doch dann funktioniert sie leichtgängig, zuverlässig und langlebig. Die Freude am Fahren steigt: Das Ausfiltern permanenter Erschütterungen durch Fahrbahnstöße schont Muskeln, Sehnen und Gelenke. Gefederte Fahrer kommen entweder ausgeruhter an oder fahren – mit Genuss – weiter als ungefederte.

Hochklassige Luftdämpfer wie der MX 190 von Magura wiegen nicht einmal 200 Gramm.

weil oft zu weich, zu schwer, zu instabil. Der Funktionsweise hochwertiger MTB-Technik ließ sich nicht einfach auf 28-Zoll-Räder herunterbrechen. Die Industrie lieferte noch verwindungsanfällige Billig-Gabeln und primitive Elastomer-Dämpfer, als bei Bergrädern längst individuell abstimmbare Luft-Federungstechnik Standard war. Die Hersteller waren überzeugt: Hochwertige Fahrwerkstechnik ist teuer und lässt sich im Trekking-Segment

gabeln mit Niveauregulierung zur Bergauf- und -abfahrt, mit Blockierfunktion und Montagepunkten für Gepäckträger; leichte Hinterbaudämpfer, per Luftdruck vielfältig und individuell abstimmbar; leichtgängige, kugelgelagerte Hinterbau-Kinematik, deren antriebsneutrale

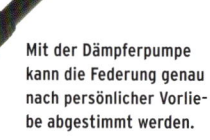

Mit der Dämpferpumpe kann die Federung genau nach persönlicher Vorliebe abgestimmt werden.

Federgabel

Mit einem regelrechten Boom drängte die Federgabel ab der Jahrhundertwende in den Markt für Alltags-, Touren- und Reiseräder. Schnell wurden zwei Dinge klar: Nur hochwertige Federgabeln funktionieren zufriedenstellend. Und nur bei entsprechend häufiger Pflege und Wartung federt eine Gabel auch nach einigen Jahren noch anständig.

Standrohr säubern
Wischen Sie nach jeder Fahrt die Gleitrohre Ihrer Gabel mit einem weichen Tuch schmutzfrei. Staubpartikel könnten Beschichtung und Dichtung beschädigen.

Standrohr ölen
Geben Sie einen Stoß dünnes Sprayöl auf jedes gereinigte Standrohr. Halten Sie mit einem Tuch die Bremsflanken fettfrei. Wischen Sie überschüssiges Öl ab.

Unter Dichtungen ölen
Ziehen Sie mit dem Fingernagel (ein Reifenheber aus Plastik geht auch) die Dichtmanschette etwas auf, um Sprayöl darunter laufen zu lassen. Das verringert die Losbrechkraft der Gabel, sie spricht feiner an.

Buchsenspiel prüfen
Blockieren Sie mit einer Hand die Vorderbremse und ruckeln Sie das Rad auf der Stelle vor- und rückwärts. Fühlen Sie mit Daumen und Zeigefinger an Tauch- und Standrohr großes Spiel, muss die Gabel zum Hersteller-Service.

Stahlfedergabel

Diese Gabeln sind sehr robust. Denn Stahlfedern verschleißen nicht und sind ausfallsicher. Vorausgesetzt, die Federhärte passt zum Fahrergewicht, sprechen Stahlfedergabeln fein an und federn mit linearem Weg ein. Ein Nachteil ist ihr hohes Gewicht.

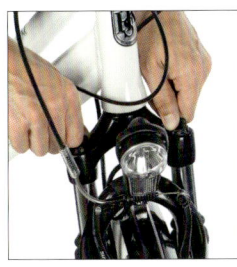

Feder-Vorspannung
Durch Vorspannen wird eine Stahlfeder straffer oder weicher. Drehen Sie doppelte Stellknöpfe immer gleichzeitig parallel ein oder aus.

Feder ausbauen
Je nach Gabelmodell benötigen Sie dafür einen Spezialschlüssel. Stellen Sie die Vorspannung auf 0. Schrauben Sie dann die Verschlussstopfen aus den Holmen. Oft enthält nur ein Gabelholm die Stahlfeder.

Federn entnehmen
Drehen Sie die Gabel kopfüber und schütteln Sie Feder und Anschlags-Elastomer aus dem Gabelholm.

Säubern Sie die Feder und fetten Sie sie anschließend neu. Dafür können Sie einfaches Lagerfett großzügig mit dem Finger aufstreichen. Bauen Sie die Gabel dann in umgekehrter Reihenfolge wieder zusammen. Beachten Sie dabei die Reihenfolge der Bauteile!

Luftfedergabel abstimmen

Direkt von der Mountainbike-Gabel abgeleitet, steht die Funktion leichter Luftgabeln der einfacherer Stahlfedergabeln nicht nach. Auch hohe Betriebs- und Ausfallsicherheit ist gegeben. Die Luftikusse sind aufwendiger abzustimmen, dafür universell anpassbar. Durch ihren hohen technischen Aufwand sind sie relativ teuer.

Druck ablassen
Um den Federweg zu ermitteln, muss erst mal die Luft raus. Drücken sie den Ventilstößel ein, bis aller Druck entwichen ist. Halten Sie einen Lappen ans Ventil, da immer etwas Öl mit austritt.

Kabelbinder montieren
Legen Sie einen Kabelbinder um das Standrohr der Gabel. Pressen Sie dann die leere Gabel bis zum Anschlag zusammen. Der Kabelbinder markiert den maximalen Weg, den die Gabel einfedern kann.

Federgabel befüllen
Bringen Sie dann wieder Druck laut Handbuch und Ihrem Gewicht auf. Dabei erreicht die Gabel langsam wieder ihre ursprüngliche Bauhöhe.

Federweg messen
Messen Sie nun die Distanz vom Kabelbinder bis zum Beginn der Gummidichtung. Das ist der maximale Federweg Ihrer Gabel.

Sag ermitteln
Schieben Sie den Kabelbinder runter bis zur Gummidichtung. Setzen Sie sich mit ganzem Gewicht aufs Rad, steigen Sie behutsam ab. Der Kabelbinder markiert, wie weit Sie im Stand eingefedert sind.

bar oder psi?

(Luft-)Druck wird deutsch in »bar«, international in »psi« (pounds per square inch) gemessen. Die meisten Pumpenmanometer zeigen beides an. Falls nicht, können Sie so umrechnen:

1 bar entspricht etwa 14,50 psi,
1 psi entspricht etwa 0,07 bar.

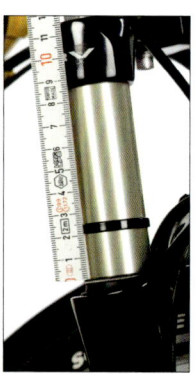

Sag messen
Messen Sie diese Distanz. Je nach Modell und Hersteller (Handbuch) liegt der empfohlene Negativ-Federweg, der Sag, etwa zwischen einem Viertel und einem Drittel des Federwegs.

Zugstufe einstellen
Der Zugstufen (»Rebound«)-Regler regelt, wie schnell die Gabel ausfedert. Pressen Sie die Gabel plötzlich gen Boden und lassen Sie sie los. Die Gabel darf nicht hochspringen.

Mit der Dämpferpumpe lassen sich sehr exakt Drücke bis etwa 20 bar aufbringen.

Lockout-Zug freilegen
Öffnen Sie den Lockout per Stellhebel am Lenker. Der Zug muss ganz entlastet sein. Hebeln Sie den Plastikdeckel an der Gabel ab. Darunter kommt die Madenschrauben-Klemmung zum Vorschein.

Lockout-Zug lösen
Öffnen Sie die Madenschraube mit einem 1,5 mm-Inbus so weit, bis die gesamte Bohrungsöffnung frei liegt. Ziehen Sie den alten Zug mitsamt der Hülle zum Lenker hin ab.

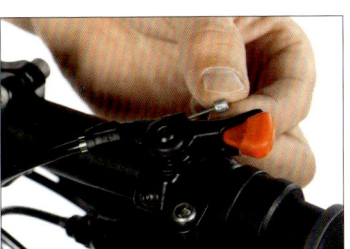

Zug am Schalter entnehmen
Der Nippel des Bowdenzugs steckt direkt im Stellhebel. Entnehmen Sie den alten Zug und ersetzen Sie ihn durch einen neuen.

Neuen Zug fixieren
Ziehen Sie den neuen Zug bis zum Anschlag durch die Bohrung. Der Lenkerhebel steht dabei in entlasteter Stellung. Fixieren Sie die Madenschraube und kürzen Sie den Überstand. Klipsen Sie den Deckel auf.

Internetadressen

Auf den Websites der Gabelhersteller finden Sie weitere Infos zum Download:
www.german-a.de
www.marzocchi.com
www.rst.com.tw
www.srsuntour-cycling.com

Geniales Teil

Dieses Zusatzventil entkoppelt Dämpferpumpe und Federgabel mit einem einzigen, schnellen Dreh. So entweicht kein Druck beim Trennen des Pumpenschlauchs vom Gabelventil (Rock Shox oder Reset).

Tipps & Tricks

→ Vor dem ersten Gabel-Setup: Reinigen Sie Standrohr und Dichtung penibel. Nehmen Sie sich genügend Zeit für die Prozedur, halten Sie das Handbuch parat.

→ Richten Sie sich zur ersten Grundabstimmung genau nach den Vorgaben im Handbuch. Verändern Sie danach systematisch immer nur einen Wert, nachdem Sie den Effekt bei einer Probefahrt ausprobiert haben. So entwickeln Sie nach und nach ein Gefühl für Ihre Federung.

→ Stellen Sie sich eine kurze Fahrstrecke am Haus zusammen, die Sie mit immer wieder veränderten Parametern jedesmal neu befahren. Dabei erfahren Sie die Unterschiede am besten.

→ Die optimale Dämpfung der Zugstufe ermitteln Sie dadurch, dass Sie etwa einen Bordstein hinunterrollen. Beobachten Sie genau, wie schnell die Gabel ausfedert und wie lange das System nachschwingt. Peilen Sie das etwa eineinhalbfache Nachschwingen des Einfeder-Impulses an.

→ Verändern Sie die Dämpfung immer nur Klick für Klick. Die effektivste Veränderung wird meist erst im letzten Drittel des Verstellwegs spürbar.

AUF SANFTE ART

**Sie hat die Kategorie »Trekkingrad« geprägt wie kaum ein anderes Bauteil: die Federgabel.
Wie eine gute Frontfederung arbeitet, zeigen wir hier im Detail.**

Die Mission lautet: »Halte dein Vorderrad am Boden – unter allen Umständen!«

Die Federgabel trennt das vordere Laufrad vom Rest des Velos und fügt einen Puffer dazwischen. Die Federung verschluckt Erschütterungen und wandelt sie in Reibung um. So sinkt die Belastung für den Fahrer: Der steigt nach einer gefederten Ausfahrt ausgeruhter vom Rad. Die Erfahrung zeigt, dass auch das Material, das zur gefederten Masse am Rad zählt, bei gleicher Bauart Belastungen länger oder höheren Belastungen im gleichen Zeitraum standhält.

Von Anfang an versuchten Erfinder, den ersten Bicycles Komfort beizubringen. Nicht von ungefähr kursierte damals der Ausdruck »Boneshaker« – »Knochenschüttler«. Dick gepolstert war schon die Sitzbank der Drais'schen Laufmaschine. Vereinzelt tauchten später von Kutschen abgeleitete Blattfeder-Konstruktionen auf; antike, spiral-gefederte Parallelogramm-Gabeln sind heute in Museen zu bestaunen. Doch mit damals verfügbaren Materialien und Fertigungsmethoden war das Problem nicht zu lösen. Erst hochfeste Aluminiumlegierungen, präzise Schweißtechnik und exakt maßgefertigte Rohre halfen Fahrrad-ingenieuren, die Fahrwerksfederung in den Griff zu bekommen.

Am Trekkingrad haben sich Feder-wege von 60 bis 80 Millimetern durchgesetzt. Velos, die überwiegend auf Straßen bewegt werden, müssen dort übliches Störpotenzial

Zentimeter Niveauunterschied sind selten zu bewältigen. Als Federmedium dient eine Stahlfeder oder Luft. Stahlfedergabeln sind etwa ein Fünftel schwerer als die Luftikusse. Muss die Härte einer Stahlfeder von vornherein zum entsprechenden Fahrergewicht passend gewählt sein, ist eine Luftfederung einfacher abzu-stimmen: Mithilfe einer hochdruck-fähigen Dämpferpumpe wird ein zum Gewicht passender Überdruck in die Kartusche geblasen. Eine Negativ-Stahlfeder am unteren Ende der Luftkammer bildet ein Gegenge-wicht und hält die Federung in der Schwebe. Der erforderliche Luft-druck ist je nach Hersteller und Modell verschieden. Wichtig ist, die Druckvorgaben einzuhalten.

Mit etwa 20 Prozent Wertabwei-chung nach oben oder unten stimmen Sie die Gabel entsprechend härter oder weicher ab.

Eine ölbefüllte Zugstufen-Kartusche bremst die Ausfeder-Geschwindig-keit, über Drehregler am unteren Gabelende stufenlos justierbar. Sie vermeidet ein Springen des Vorder-rads. Ein Dreh am Regler auf der Gabelbrücke blockiert das Einfe-dern der Gabel ganz. Diese Lock-Out-Funktion verhindert Wippen bei intensivem Antritt. So wird aus dem Hightech-Wunderwerk »Feder-gabel« wieder etwas, das schon in Drais' Laufmaschine steckte: die gute, alte, starre Forke.

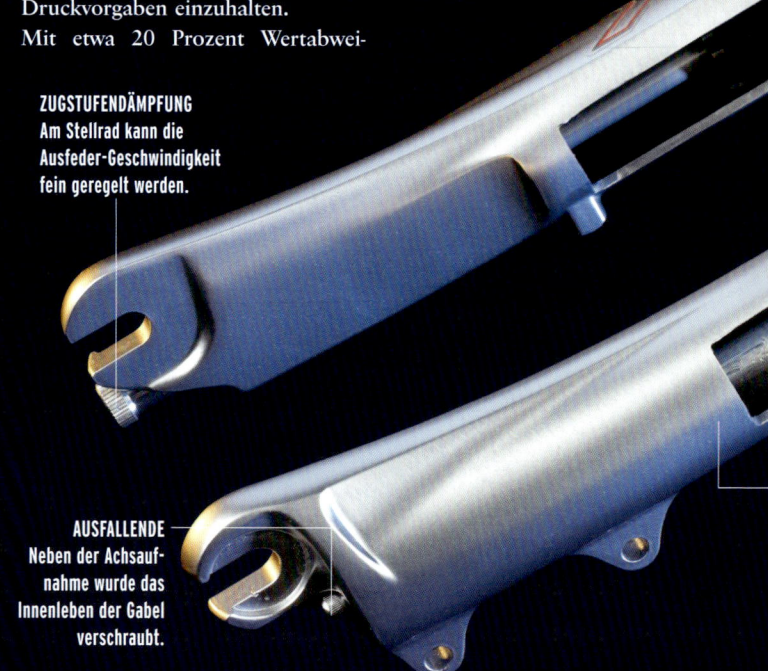

ZUGSTUFENDÄMPFUNG
Am Stellrad kann die Ausfeder-Geschwindigkeit fein geregelt werden.

AUSFALLENDE
Neben der Achsauf-nahme wurde das Innenleben der Gabel verschraubt.

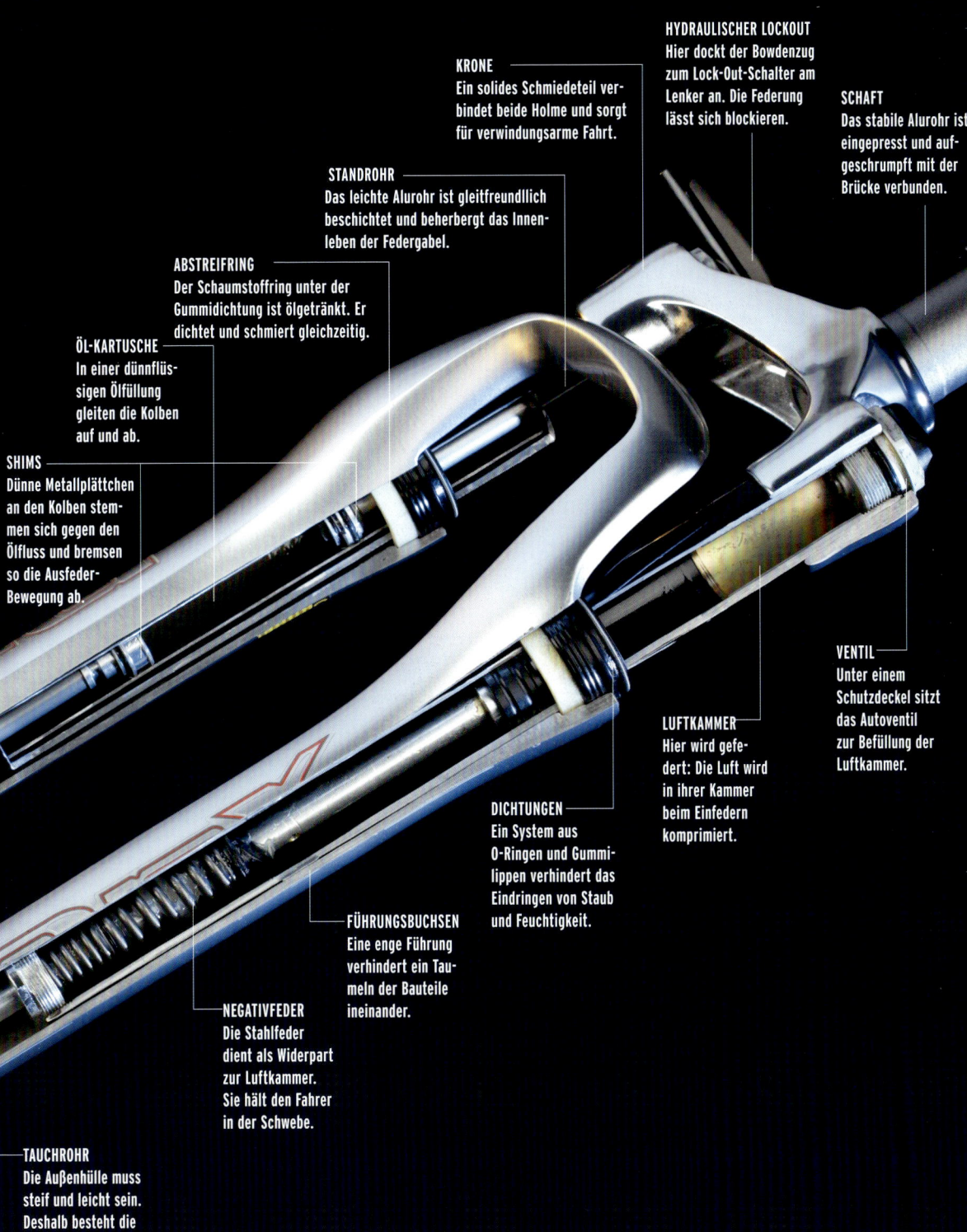

KRONE
Ein solides Schmiedeteil verbindet beide Holme und sorgt für verwindungsarme Fahrt.

HYDRAULISCHER LOCKOUT
Hier dockt der Bowdenzug zum Lock-Out-Schalter am Lenker an. Die Federung lässt sich blockieren.

SCHAFT
Das stabile Alurohr ist eingepresst und aufgeschrumpft mit der Brücke verbunden.

STANDROHR
Das leichte Alurohr ist gleitfreundllich beschichtet und beherbergt das Innenleben der Federgabel.

ABSTREIFRING
Der Schaumstoffring unter der Gummidichtung ist ölgetränkt. Er dichtet und schmiert gleichzeitig.

ÖL-KARTUSCHE
In einer dünnflüssigen Ölfüllung gleiten die Kolben auf und ab.

SHIMS
Dünne Metallplättchen an den Kolben stemmen sich gegen den Ölfluss und bremsen so die Ausfeder-Bewegung ab.

VENTIL
Unter einem Schutzdeckel sitzt das Autoventil zur Befüllung der Luftkammer.

LUFTKAMMER
Hier wird gefedert: Die Luft wird in ihrer Kammer beim Einfedern komprimiert.

DICHTUNGEN
Ein System aus O-Ringen und Gummilippen verhindert das Eindringen von Staub und Feuchtigkeit.

FÜHRUNGSBUCHSEN
Eine enge Führung verhindert ein Taumeln der Bauteile ineinander.

NEGATIVFEDER
Die Stahlfeder dient als Widerpart zur Luftkammer. Sie hält den Fahrer in der Schwebe.

TAUCHROHR
Die Außenhülle muss steif und leicht sein. Deshalb besteht die Einheit aus einer Magnesium-Legierung.

Schaftrohr-Federung

Immer mehr Fahrradhersteller gehen dazu über, eine Vorderradfederung im konventionellen 1 1/8 Zoll-Gabel-schaftrohr unterzubringen. Die gekapselte Bauweise bringt hohe Wartungsarmut, unkomplizierte Handhabung und hohe Funktionssicherheit mit sich. Die Systeme von Airwings und Cannondale stechen dabei heraus.

Koga Feather
Die Feather-Gabel arbeitet mit Stahlfeder und 35 mm Feder-weg. Sie ist nicht zu öffnen, auf Lebensdauer geschmiert und kann nicht verstellt werden.

Bontrager S.P.A.
Die Gabel wird bei Rädern der Konzernmarken Diamant und Trek verbaut. Sie bietet 35 mm Feder-weg und kann weder geöffnet noch nachgestellt werden.

RockShox i-Ride
Auch sie ist hermetisch gekapselt. Hub der stahlgefederten Gabel: 25 oder 50 mm. Die Wartung alle 50 Betriebsstunden muss ein geschulter Monteur durchführen.

Einfache Gabelmontage
Zum Einbau wird ein passender Lagerkonus aufgeschlagen. Dann können die Gabeln wie jede Starr-gabel mit Ahead-System einge-baut werden.

Airwings Revolution

Von der gefederten Sattelstütze zur Federgabel: Die Airwings-Gabel federt in einem Umlauf-Kugellager.

Gabelkonus aufschlagen
Schlagen Sie den Gabelkonus Ihres Steuersatzlagers aufs Schaftrohr der Airwings-Gabel. Ein-facher geht's, wenn Sie den Konusring aufsägen. So lässt er sich auch öfters leicht ein- und ausbauen.

Schutzdeckel aufsetzen
Ist der Vorbau fest, fixiert er das einge-stellte Lagerspiel. Entfernen Sie die Stell-mutter und schrauben Sie stattdessen den Abschlussdeckel auf. Er passt auch übers Ventil der optionalen Luft-kartusche.

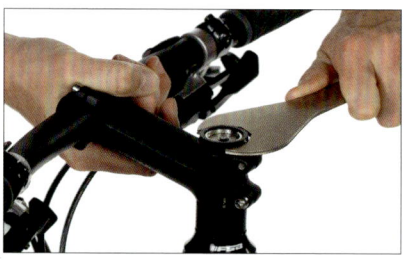

Lagerspiel einstellen
Schieben Sie die Airwings-Gabel ins Steuerrohr, setzen Sie Steuersatz, Spacer und Vorbau auf. Drehen Sie die 32 mm-Stell-mutter auf das Außengewinde, justieren Sie das Spiel des Steu-erlagers und fixieren es durch das Festschrauben des Vorbaus.

Luft- oder Stahlfederung?
Hier haben Sie die Wahl: Beide Federmedien sind möglich. Durch einfaches Einschrauben einer Luft-kartusche sparen Sie 47 Gramm. Empfohlener Luftdruck: zwischen 2 und 4 bar.

Federvorspannung einstellen
Durch die Verwendung verschieden harter Stahlfedern lässt sich die Gabel aufs Fahrergewicht anpassen. Die Feinabstimmung geschieht, analog zur Federstütze, durch das Einstellen der Vorspann-Schraube im Gabelschaftrohr.

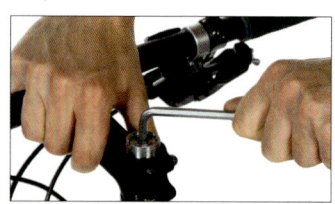

Cannondale Headshok

Die weltweit erste Schaftrohrfederung ist auch die aufwendigste: Die Gabel gleitet in 88 Nadellagern.

Ausbau vorbereiten
Demontieren Sie Bremsen und Lichtkabel, sodass die Gabel vom Rahmen getrennt werden kann. Blockieren Sie die Gabel am Lockout-Knebel und schrauben Sie diesen ab. Zum Wiedereinbau muss die Gabel blockiert bleiben.

Schaftrohr freilegen
Nehmen sie dann Lockout-Knebel, Vorbau und den darunterliegenden Dichtring ab. Das Schaftrohr steckt fest in zwei engen Passungen im Steuerrohr. Ab jetzt brauchen Sie den Hammer!

Pionier Cannondale

Das Prinzip »Schaftrohr-Federung« hat Cannondale erstmals 1991 am Mountainbike »Delta V« vorgestellt. Durch die patentierte Nadellagerung des Schaftrohrs spricht die Headshok-Federung besonders fein an. Die effektive Art zu Federn passt gut zu Trekkingrädern: Die Technik ist ausgereift, schmutzfest verpackt, braucht kaum Wartung und erlaubt die Verwendung leichter, immens steifer Gabeln mit hoher Lebensdauer.

Gabel ausschlagen
Setzen Sie eine passende Nuss auf die Lockout-Mutter. Treiben Sie die Gabel mit beherzten Schlägen aus ihren Passungen. Schlagen Sie mit dem Hammer nur auf die Nuss. Ist sie im Steuerrohr verschwunden, verwenden Sie ein passendes Stück Rohr als Verlängerung zum Ausschlagen.

Gabel einbauen
Zum Wiedereinbau treiben Sie das Schaftrohr mit leichten Schlägen eines Schonhammers in die erste Passung im Steuerrohr.

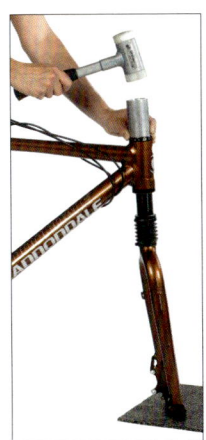

Gabel einschlagen
Setzen Sie dann Rahmen und Gabel auf den Boden, stellen Sie die Ausfallenden auf ein Stück Holz. Ein 40 mm-Rohr dient nun zum Aufschlagen des Steuerrohrs auf den Gabelschaft, bis die Gabel wieder an ihrem Platz steckt.

Nadellager schmieren
Öffnen Sie den unteren Kabelbinder des Gummibalgs. Stellen Sie das Rad kopfüber, träufeln Sie zähes Öl auf allen vier Seiten ins Steuerrohr. Verschließen Sie den Balg wieder mit einem Kabelbinder. Das Öl wird durchs Einfedern in die Lager gezogen.

Internetadressen

Mehr Infos zu den Federgabeln und Kontakt zum Hersteller finden Sie auf den folgenden Websites: www.koga.com und www.trekbikes.com; www.sram.com/de/service/rockshox; www.airwings-systems.de; http://de.cannondale.com/tech_center/suspension/headshok.html

Hinterbau-Federung

Vollgefederte Fahrwerke sind an Trekkingrädern wieder selten geworden. Doch noch immer bieten einige Hersteller ausgereifte Federungskonzepte an 26- wie 28-Zöllern an. Wenn die Federung perfekt an Fahrergewicht und Fahrstil angepasst wird, steigen Fahrsicherheit und -spaß. Wichtig dabei: regelmäßige Pflege und Wartung!

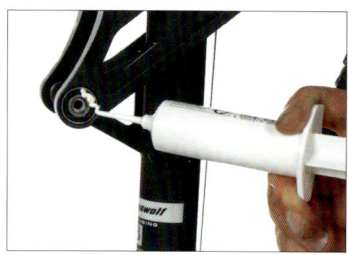

Gelenke fetten
Auch bei industriegelagerten Hinterbau-Gelenken schadet eine Fettpackung unter den Abdeckschrauben nicht. Das Eindringen von Nässe und Staub wird so erschwert, im Idealfall sogar verhindert.

Dämpfer pflegen
Halten Sie den Dämpferkolben penibel sauber. Schmutzpartikel können Dichtung und Beschichtung schädigen. Geben Sie einen Stoß Sprühöl auf die gereinigte Kolbenfläche. Das reduziert die Losbrechkraft.

Buchsenspiel prüfen
Jede Dämpferseite ist in zwei Alubuchsen verschraubt. Öffnen Sie nacheinander beide Schrauben und prüfen Sie durch Rütteln, ob der Dämpfer seitliches Spiel hat. In dem Fall müssen Sie die Buchsen ersetzen.

Hinterbau auf Leichtgängigkeit testen
Die Federung arbeitet nur dann sensibel, wenn sich der Hinterbau geschmeidig bewegen lässt. Prüfen Sie die Leichtgängigkeit bei ausgehängtem Dämpfer. Defekte oder schwergängige Hinterbau-Lager müssen Sie ersetzen lassen.

Dämpfer-Einbaumaß ermitteln
Messen Sie die Distanz zwischen der Mitte beider Halteschrauben, falls der Dämpfer ausgetauscht werden soll. Dieselbe Länge muss auch ein neuer Dämpfer haben.

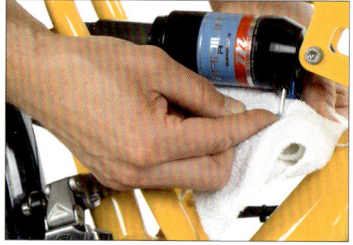

Luft ablassen
Verwenden Sie einen dünnen Inbus, um das Ventil aufzuhalten. Legen Sie einen Lappen ums Ventil, solange Luft ausströmt. Denn dabei spritzt immer auch etwas Öl heraus.

Internetadressen
Außer beim Fahrrad-Hersteller finden Sie Infos auch bei diesen Dämpfer-Herstellern:

www.german-a.com
www.magura.com
www.manitoumtb.com
www.rst.com.tw
www.sram.com/de/service/rockshox
www.x-fusion-shox.com

Kolbenweg messen
Pressen Sie den entleerten Dämpfer mitsamt Hinterbau komplett zusammen. Ein Gummiring oder Kabelbinder markiert, wie weit der Kolben maximal einfährt.

Luftdämpfer befüllen
Bringen Sie mit einer Dämpferpumpe den nach Betriebsanleitung passenden Druck auf. Die Kolbenwegs-Markierung soll dabei nicht bewegt werden.

Negativ-Federweg ermitteln
Setzen Sie sich nun mit voller Last in den Sattel, steigen Sie dann behutsam ab. Der Gummiring auf dem Kolben markiert, wie weit der Dämpfer allein durch Ihr Gewicht einfedert. Das ist der »Sag«.

Sag messen
Der Sag sollte bei einem Viertel bis einem Drittel des gesamten Kolbenwegs liegen. Damit kann das Rad noch nach unten in Schlaglöcher federn.

Dämpfer befüllen
Stimmen Sie den Druck so lange fein ab, bis Sie einen passenden Sag und ein zufriedenstellendes Ansprechverhalten der Federung erreicht haben.

Stahlfeder vorspannen
In Maßen können Sie durch Erhöhen der Vorspannung auch eine Stahlfeder straffer abstimmen. Drehen Sie dazu das Stellrad so, dass die Feder zunehmend unter Spannung gerät.

Zugstufe einstellen
Stützen Sie sich plötzlich mit ganzem Gewicht auf den Sattel, und beobachten Sie, wie schnell der Hinterbau wieder ausfedert.

Dämpfung justieren
Stellen Sie an der Zugstufen-Stellschraube Klick für Klick die passende Intensität ein. Der Hinterbau soll beim Ausfedern nicht »springen«.

Lastanpassung
Bei gefedertem Gepäck oder schwererem Fahrer erhöhen Sie den Dämpferdruck laut Bedienungsanleitung. Bei geringerer Belastung als üblich lassen Sie entsprechend Druck ab.

Tipps & Tricks

→ Die Hersteller-Angaben zu den Druckverhältnissen in den Federelementen sind Circa-Werte. Orientieren Sie sich daran zur Grundabstimmung. Es kann jedoch sein, dass Sie mit 20 bis 30 % Varianz wesentlich zufriedener sind. Ausprobieren!

→ Nehmen Sie sich zum Abstimmen der Federung genügend Zeit. Wählen Sie eine kurze Strecke vor dem Haus, die Sie mit jeder veränderten Abstimmung einmal durchfahren. Vergleichen Sie ausgiebig und mehrfach.

→ Verändern Sie nur einen Parameter und machen Sie dann eine Probefahrt. Tasten Sie sich so systematisch ans Optimum heran. Notieren Sie sich den aufgebrachten Druck. Verändern Sie in kleinen Schritten, um ein Gefühl für die Unterschiede zu bekommen.

→ Verwenden Sie ein Schnell-Trennventil an der Dämpferpumpe. Das entkoppelt mit einer kurzen Drehung den Pumpenschlauch vom Dämpferventil, sodass beim Abschrauben des Pumpenschlauchs kein Druck entweichen kann. Siehe S. 43.

→ Komprimieren Sie die Federung niemals probehalber, solange die Dämpferpumpe angeschlossen und das Ventil zur Pumpe hin geöffnet ist. Der plötzliche Druckaufbau kann das Rückschlagventil und damit die ganze Dämpferpumpe zerstören.

→ Überprüfen Sie den Luftdruck in Gabel und Dämpfer regelmäßig etwa alle zwei Monate. Spätestens jedoch, bevor Sie auf Tour gehen. Führen Sie immer eine Dämpferpumpe mit, wenn Sie länger unterwegs sind.

Der Antrieb

Treten, treten, treten ...

Er ist es, der das Rad zum Fahren bringt. Der Antrieb wandelt menschliche Tretenergie in räumliche Vorwärtsbewegung. Einfach gesagt: Oben kommt Müsli rein, unten kommen Kilometer raus. Dadurch übt die geniale Maschine Fahrrad seit über eineinhalb Jahrhunderten ihre Faszination auf die Menschen aus.

Drei Entwicklungen prägten unser modernes Fahrrad: das Prinzip des einspurigen Zweirads, verwirklicht in der Laufmaschine des Karl Drais 1817; der Antrieb dieser Fahrma-

Stand der Technik und einfach schön: hochwertiges Ultegra-Schaltwerk von Shimano.

schine durch Tretkurbeln am Vorderrad, was der Pariser Veloziped-Werkstätte von Pierre Michaux um 1864 zugeschrieben wird; und die Verlegung des Tretantriebs über eine Kette zum Hinterrad, was wohl auf den Franzosen André Guilmet im Jahre 1869 zurückgeht: Die Blaupause des modernen Fahrrads steht vor uns. Die Konstruktionsprinzipien haben sich seit über 150 Jahren nicht mehr verändert. Sie wurden nur noch perfektioniert.

Heute wiegt ein gewöhnliches Fahrrad etwa 15 Kilo, die von mensch-

licher Muskelkraft zusammen mit dem eigenen Körpergewicht bewegt werden wollen. Leichte Tretkurbeln aus Aluminium, innen hohl geschmiedet, um Gewicht zu sparen, oder aus Carbon mit Aluminium kombiniert, nehmen die Tretbewegung der Füße auf kugelgelagerten Pedalen, mit oder ohne Rastverbindung zum Schuh, auf.

In leichtdrehenden Lagern rotiert die Kurbel auf einer hohlen Achswelle, besonders verwindungssteif durch vergrößerten Durchmesser. Die Kette aus hochvergütetem Stahl ist aus Bolzen, Seitenlaschen und Rollen zusammengesetzt,

die durch ihre speziell aufeinander abgestimmte Form und deren Passung eine hohe seitliche Flexibilität für optimierte Klettereigenschaften auf Mehrfach-Kettenblättern und den bis zu elf Ritzeln auf dem Hinterrad erhält. Kettenräder unterschiedlichen Umfangs, teils aus gehärtetem Alu, um Gewicht zu sparen, teils aus Stahl oder Titan, um weniger schnell zu verschleißen, teils aus hohlgeformtem Kompositmaterial, bei dem nur der äußere Zahnring von wenigen Millimetern Stärke aus harteloxiertem Aluminium besteht, übersetzen das enge Drehzahlband, bei dem der menschliche Körper effizient arbeitet, in verschieden lange Rad-Abrollstrecken. Dieses komplizierte Räderwerk aus verschiedenen Materialien, Baugrup-

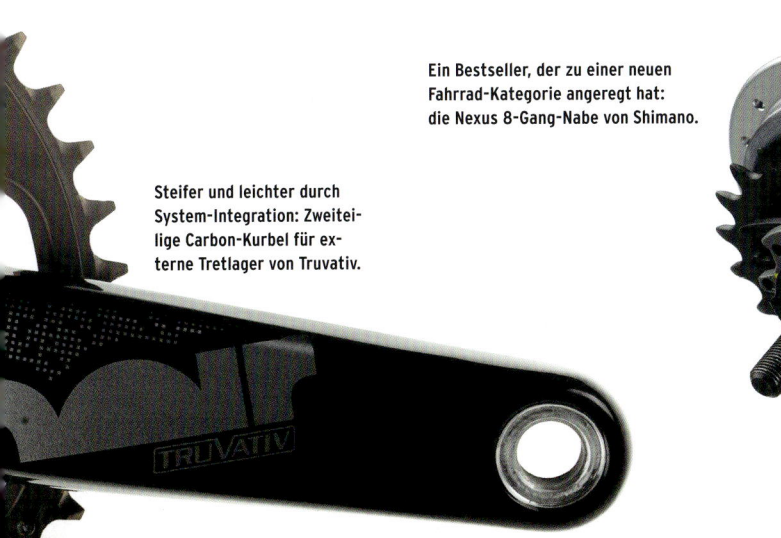

Technisches Wunder-werk und Trendsetter: die Rohloff.

pen und Krafthebeln wandelt die kreiselnde Tretbewegung in Vortrieb für Mensch und Maschine um. Ideal wäre, alle beweglichen Teile kreiselten in einem geschlossenen Ölbad für permanente Schmierung und zur Abwehr störender Schmutzpartikel. Das ließe sich jedoch kaum umsetzen. Also zieht man den Nutzer mit in die Verantwortung: Er kann selbst durch mehr oder weniger aufwendige regelmäßige Reinigungs- und Pflegeintervalle über Funktion und Lebensdauer mitentscheiden. Engagiert er sich mehr, hält sein Antrieb länger, läuft leiser, störungsfreier und mit besserem Wirkungsgrad. Der liegt übrigens für eine solch umfangreiche Kombo mechanischer Teile bei

erstaunlichen 98 Prozent, solange alles gut gewartet, gereinigt und geschmiert ist. Das gilt für eine Kettenschaltung, bei der wohlgemerkt ein gewisser Kettenschräglauf unvermeidlich ist. Für eine Nabenschaltung liegt der Wirkungsgrad noch immer bei circa 95 Prozent. Andere Antriebsformen, wie

Kardanwellen, Riementransmission oder Trethebel-Mechanismen hat es in Geschichte und Gegenwart immer wieder gegeben. Bis jetzt konnten sie noch nicht an der mechanischen Effizienz, überzeugenden technischen Einfachheit und kostengünstigen modularen Austauschbarkeit des Tretkurbel-Kettenantriebs rütteln.

Ein Bestseller, der zu einer neuen Fahrrad-Kategorie angeregt hat: die Nexus 8-Gang-Nabe von Shimano.

Steifer und leichter durch System-Integration: Zweiteilige Carbon-Kurbel für externe Tretlager von Truvativ.

Das Tretlager

Starken Kräften aus wechselnder Richtung und dauerhaftem
Beschuss mit Spritzwasser und
Straßendreck ist das Tretlager
ausgesetzt. Kein Wunder, dass
dort Kugellager aufgeben und
Schraubverbindungen festkorrodieren. Zumindest dann, wenn
diese Bauteile nicht regelmäßig
gereinigt und geschmiert werden.
Doch der Aus- und Einbau wird
bei modernen Konstruktionen
immer einfacher.

Fixierschraube entfernen
Nach dem Lösen der beiden Klemmschrauben drehen Sie die Sternschraube, die die
Kurbel auf der Achswelle fixiert, mit dem
passenden Abzieher heraus. Die Sternschraube sitzt nur handfest.

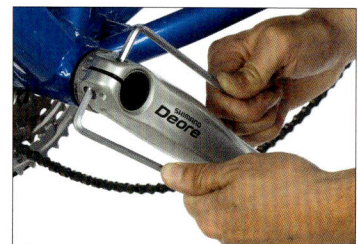

Kurbel-Klemmung öffnen
Öffnen (und schließen) Sie beide Inbus-
schrauben immer parallel und gleichzeitig,
damit sie nicht verkanten und die Klemmung blockieren. Dann lässt sich die Kurbel leicht von der Achswelle nehmen.

Integrierte Kurbelabzieher
Drehen Sie die zentrale Halteschraube
der Kurbel mit einem 8 mm-Inbus auf. Ihr
Kopf drückt von innen auf einen weiteren
eingeschraubten Ring (10 mm) und stemmt
die Kurbel damit von der Achse.

Demontage mit Abzieher
An älteren und einfachen Kurbeln muss
die Kurbelschraube mit einem passenden
Senk-Schlüssel herausgedreht werden. Im
Kurbelauge wird dann ein Gewinde frei, die
Innenlager-Achse ist sichtbar.

Abzieher ansetzen
In dieses freie Gewinde im Kurbelauge drehen Sie das Außengewinde des Abziehers
ein. Seine innere Spindel lässt sich nun
gegen die Innenlager-Achse schrauben und
drückt damit die Kurbel vom Vierkant.

Innenlager-Achse
Die Oversize-Achswelle ruht in den beiden
externen Lagern links und rechts. Da die
Passung eng toleriert ist, kann es sein,
dass Sie die letzten Zentimeter der Achse
leicht herausklopfen müssen.

Tretlager entfernen
Sie öffnen die Tretlagerverschraubung
leichter, indem Sie sich auf den Hinterbau
lehnen und beide Lager mit der Ratsche
zur Brust her los- oder festdrehen. Hier
sind Drehmomente bis zu 50 Nm gefordert!

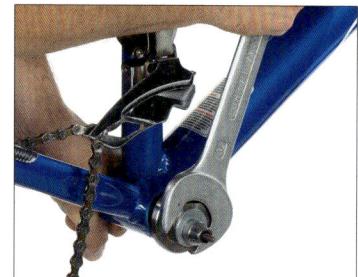

Schlüssel sichern
Arbeiten Sie ohne Ratsche, nur mit
Maulschlüssel und Nuss, sollten Sie
die Tretlager-Nuss mit einer Schnell-
spannachse und Beilagscheiben gegen
Abrutschen sichern.

Rechts- und Linksgewinde
Achtung! Um sich nicht selbsttätig zu lösen, ist das rechte Tretlager-Gewinde als Linksgewinde ausgerichtet. Aktuelle Lager teilen zur Sicherheit die Einschraub-Richtung mit: »Tighten«.

Tretlagerhülse säubern
Sind die Lager ausgeschraubt, reinigen Sie Gewinde und Hülse sorgfältig mit einem Lappen. Eingedrungene Feuchtigkeit kann sonst Achse oder Lager zum Rosten bringen.

Die Achslänge ist wichtig:
Bei gleicher Gehäusebreite (68 mm) positioniert die lange Achse die Kurbelarme weiter nach außen, z. B. für einen Kettenkasten.

Gewinde fetten
Sparen Sie hier nicht an Fett. Auch wenn die Lagergewinde verklebt sind oder waren: Im gefetteten Gewinde verteilen sich die Klemmkräfte besser und ein Fest-korrodieren ist ausgeschlossen.

Gehäusebreite messen
Müssen Sie das Tretlager ersetzen, benöti-gen Sie das genaue Maß der Hülsenbreite. Üblich sind 68 oder 73 mm, selten 100 mm Breite dieses Rahmenbauteils.

Kurbelachse fetten
Fetten Sie alle Kontaktflächen beim Zusam-menbau. Wo die Kurbel auf der Achse sitzt, ist Fett besonders wichtig: Die Kurbel glei-tet spannungsärmer an ihren Platz.

Bitte nicht verwechseln!

Ähnlich, aber nicht gleich: Vielzahnige Achswellen-Profile stellen eine stabilere Achs-Kurbel-Verbindung her und sind biegesteifer als Vierkantachsen.

Doch jedes System setzt auf eigene Maße. Truvativ Power-spline, Truvativ Isis und Shimano Octalink sind untereinan-der nicht kompatibel. Also Vorsicht beim Ersatzteilkauf!

Kurbel und Kettenblätter

Hier, wo sich die kreisende Rotationsbewegung der Beine in vowärtsstrebenden Antrieb übersetzt, nagt der Verschleiß besonders gerne. Ungleichmäßige Krafteinleitung, druckvoller Kettenzug und dauerhafter Beschuss mit Fahrbahnschmutz setzen den Kettenblättern zu. Bei jedem zweiten Kettenwechsel sollten Sie auch die Kettenblätter genau in Augenschein nehmen und gegebenenfalls austauschen.

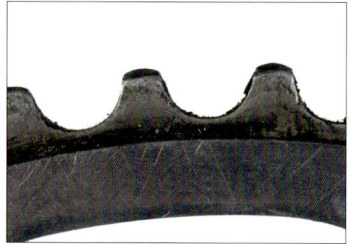

Karies am Zahnrad
Fett und Schmutz wirken wie Schmirgelpaste: Zwischenräume werden weiter, Zähne spitzer. Die Kette läuft nicht mehr optimal, ihr Wirkungsgrad sinkt.

Inbus-Schrauben
Meist werden Inbus-Schrauben an den Kettenblättern verwendet. Die Schrauben sitzen sehr fest, achten Sie auf den optimalen Sitz des Werkzeugs.

Torx-Schrauben
An neueren Kurbeln finden sich oftmals Torx-Schrauben. Die sind besonders griffig und für hohe Drehmomente ausgelegt. Die Abrutschgefahr ist geringer.

Shimano-Blattschraube
Großes und mittleres Kettenblatt sind per Inbusschraube in einer Hülsenmutter verschraubt. Zum Öffnen benötigen Sie einen Gegenhalter. Diese Schrauben sitzen oft extrem fest und sind nur schwer zu öffnen.

Gegenhalter ansetzen
Zwei Zapfen des Gegenhalters greifen in den Hülsenschlitz beidseits des durchgeschraubten Hohlschrauben-Gewindes. Die Hohlschraube drehen Sie von der anderen Seite mit einem 5er-Inbus los.

Öffnungs-Trick
Beim Öffnen ist die Verletzungsgefahr durch Abrutschen hoch. Setzen Sie daher den eingesteckten 5er-Inbus auf die Tischkante auf und drücken Sie statt am Werkzeug an der Kurbel nach unten.

Blattschrauben fetten
Fetten Sie die Gewinde aller Kettenblatt-Schrauben vor dem Eindrehen. So sind sie auch nach längerer Zeit wieder leicht zu öffnen.

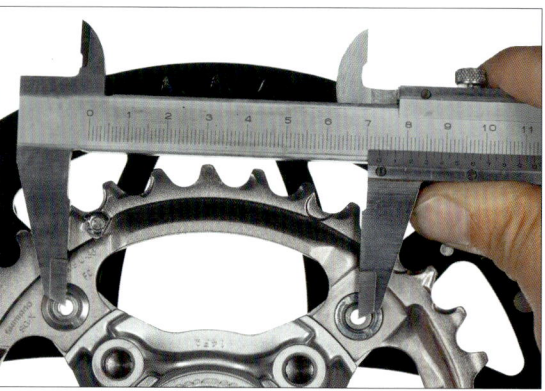

Lochweite messen
Kettenblätter verschiedener Hersteller unterscheiden sich in Lochanzahl und -weiten. Messen Sie die Lochweite von Mitte zu Mitte, um das richtige Ersatzblatt auszuwählen.

Kurbellänge
Kurbelsätze werden in unterschiedlichen Längen angeboten: Von 165 bis 180 mm reicht die Spanne. Große Fahrer brauchen lange, kleine Fahrer kurze Kurbeln.

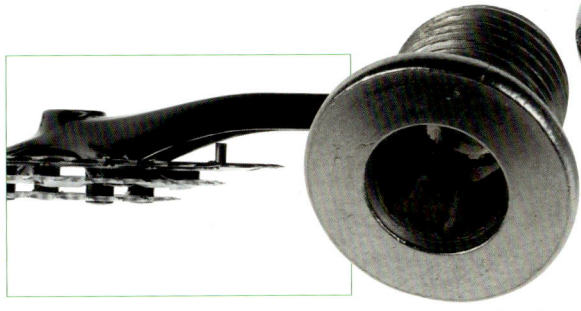

Fallniet beachten
Der Nietstift auf dem großen Kettenblatt zeigt zur Kurbelinnenseite. Fällt die Kette nach außen vom Blatt, kann sie sich nicht zwischen Blatt und Kurbel verklemmen. Montieren Sie das Blatt entsprechend.

Kettenblattschrauben
Ihre große Gewindefläche und der nur gering ausgeprägte Gegenhalter-Schlitz der Mutter machen die Demontage schwierig, wenn sie trocken verschraubt wurden. Gefettet öffnen Sie sie später leichter.

Steighilfen am Blatt
Profilierungen und Nieten im Kettenblatt dienen der Kette als Kletterhilfe. Sie sind unter allen Kettenblättern einer Kurbel aufeinander abgestimmt. Verwenden Sie deshalb nur passende Ersatzblätter.

Kettenblätter ausrichten
Richten Sie die einzelnen Blätter bei der Montage so aus, dass der Markierungs-Zapfen jedes Blattes über der Kurbel liegt. Nur so sind die Steighilfen der Kette optimal ausgerichtet.

Zahn gerade biegen
Nach einem Aufsetzer können einzelne Zähne verbogen sein. Biegen Sie sie vorsichtig mit einer kräftigen Zange wieder zurecht. Das Blatt kann weiter gefahren werden, auch wenn eine Zahnspitze bricht.

Ersatzteile: Probleme mit der Kompatibilität?

Bei Trekkingrad-Schaltungskomponenten greifen die Hersteller oft in verschiedene Schubladen. Teile verschiedener Qualitätsstufen sollen in einer Schaltung zueinander passen. Steht ein Austausch einzelner Schaltkomponenten an, fängt der Ärger oft erst richtig an: Die 9-fach-Kette läuft zwar auch auf dem 8-fach-Ritzel, dafür passt der Schalthebel jetzt nicht mehr zum neuen Schaltwerk. Durch fast jährliche Modellwechsel, Umgruppierungen und Neukonstruktion einzelner Schaltkomponenten kommt es immer wieder zu Nachschub- und Funktionsproblemen.

Informieren Sie sich beim Ersatzteilkauf auf den Websites der Schaltungshersteller Shimano und Sram, bevor Sie Ersatzteile auswählen oder kaufen. Fragen Sie Ihren Fachhändler nach passenden Teilen oder lassen Sie sich Kompatibilitäts-Tabellen aus den jeweiligen Händler-Katalogen zeigen. Kaufen Sie Ihre Teile beim Händler, haben Sie auch die Chance, Unpassendes wieder zurückzugeben.

 Infos von Sram und Shimano finden Sie hier:
http://techdocs.shimano.com
www.sram.com/de/service

Pedale

Als Verbindung zwischen Mensch und Maschine spielen die Pedale eine wichtige Rolle. Optimal zur verlustarmen Kraftübertragung sind Klickpedale, bei denen der Schuh im Pedal einrastet. Konventionelle Plattform- oder Bärentatzen-Pedale lassen sich auch ohne spezielles Schuhwerk fahren. Gut eingestellt, mit etwas Wartung und Pflege, vor allem nach Nässefahrten, funktionieren beide Systeme gut.

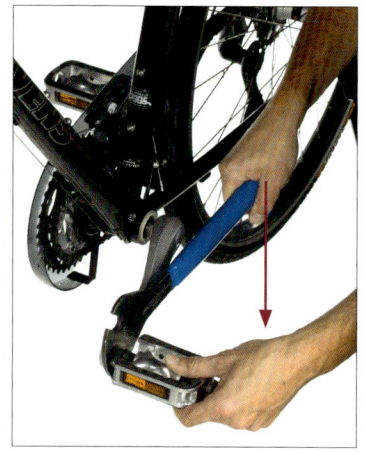

Pedale abschrauben
Wie beim Tretlager vermeiden ein Rechts- und ein Linksgewinde unbeabsichtigtes Losdrehen. Der einfachste Trick: Kurbel nach vorn stellen, 15 mm-Schlüssel von hinten ansetzen und nach unten drücken.

Pedalgewinde fetten
Fetten Sie das Gewinde vor der Pedalmontage. So bekommen Sie das Pedal auch nach Jahren wieder ab, ein Festkorrodieren ist ausgeschlossen, und Knarz-Geräusche treten gar nicht erst auf.

Die Bärentatze

An hochwertigen Pedalen sind die Lager gedichtet und einzeln abschmierbar. Zum Lagerservice müssen Sie den Käfig entfernen.

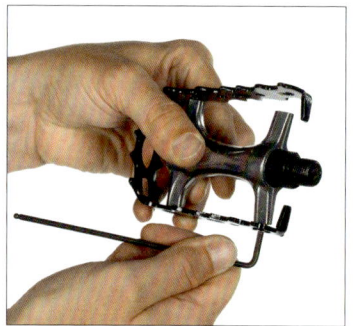

Käfig abschrauben
Lösen Sie den Pedalkäfig an allen vier Schrauben vom Pedalkörper. Achtung, diese Schrauben sitzen sehr fest. Schrauben Sie sie bei der Montage mit Schraubenkleber wieder ein.

Pedalachse öffnen
Halten Sie mit einer Nuss die Achsschraube gegen und drehen Sie die Achse mit einem 15 mm-Schlüssel von der Gewindeseite her auf.

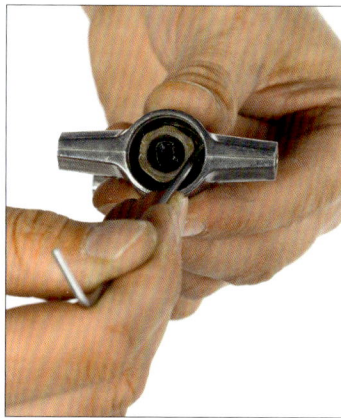

Konterung öffnen
Ist die erste Konterschraube geöffnet, entfernen Sie die Beilagscheibe zur zweiten, der Lagereinstell-Mutter. Diese lässt sich widerstandslos mit einem dünnen Werkzeug bewegen. Stellen Sie so das Lagerspiel ein.

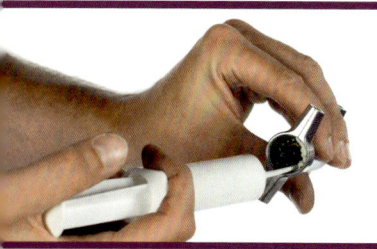

Kugellager fetten
Nehmen Sie die Kugeln nicht heraus, solange das Lager noch sauber läuft. Geben Sie mit einer Spritze ausreichend Fett ins Lager und bauen Sie das Pedal in umgekehrter Reihenfolge wieder zusammen.

Das Klickpedal Lager und Mechanik müssen gepflegt und eingestellt werden.

Pedalachse öffnen
Um sich für die Lagerwartung Zugang zu verschaffen, schrauben Sie die Achse von Shimano-Klickpedalen mit einem Spezialschlüssel vom Pedalkörper.

Lager fetten
Läuft das Lager noch sauber, brauchen Sie die Achs-Konterung nicht zu öffnen. Pressen Sie Fett mit einer Spritze in die Kugellaufbahn. Fetten Sie auch die plane Gleitlagerfläche.

Der Keilwellen-Schlüssel öffnet die Achsen von Shimano-Klickpedalen.

Auslösehärte einstellen
Per Stellschraube lässt sich die Federkraft verstellen, mit der das Pedal den Schuh fixiert. Die Drehrichtung ist am Pedal markiert (3 mm-Inbus).

Mechanismus ölen
Reinigen Sie Ihre Klickpedale regelmäßig von Schmutz und gönnen Sie ihnen einen Stoß Sprühöl. Lassen Sie dieses tief in die Spalte dringen und überziehen Sie alles mit einer Schicht Sprühwachs.

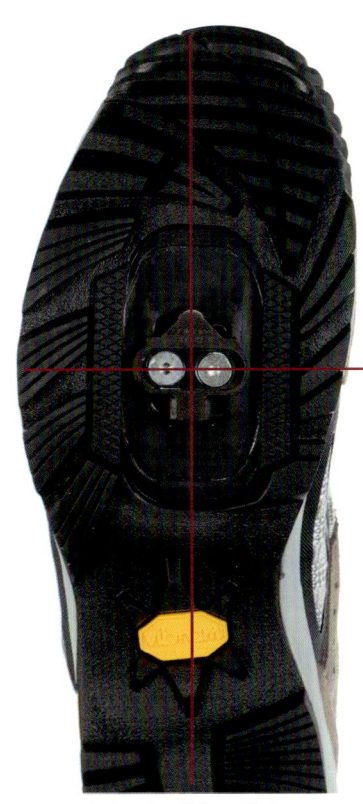

Abdeckung entfernen
Die Gewinde in der Sohle liegen unter einer Abdeckung versteckt. Schrauben Sie deren Deckel ab. Bei manchen Schuhen muss ein markiertes Stück Sohle mit dem Cutter ausgeschnitten werden.

Cleat montieren
Befestigen Sie das entsprechende Pedalcleat vorerst nur handfest. Fetten Sie Schrauben und Beilage, sonst bekommen Sie sie nie wieder auf. Richten Sie das Cleat aus (s. rechts) und ziehen Sie es fest.

Idealerweise sitzt das Cleat genau rechtwinklig zur Sohlenachse und unter der Wurzel des Fußballens. Tasten Sie sich durch Ausprobieren schrittweise an die individuell passende Stellung heran, falls Sie beim Treten die Fersen nach außen oder innen stellen.

Die Kette

Der Gliederstrang wirkt unscheinbar, ist heute jedoch nah ans Optimum heran entwickelt. Egal, ob die Kette nur Vortriebskräfte überträgt oder auch Schaltfunktion hat, bei perfekter Montage und guter Wartung liegt ihr Wirkungsgrad bei 98 Prozent. Solch geringe Reibungsverluste erreicht kein anderer Fahrzeugantrieb.

Verschleiß checken
Wenn sich die Kette am großen Blatt mehr als etwa 3 mm abheben lässt, sollte sie ersetzt werden. Durch zu große Längung wetzt sie die Zahnzwischenräume aus.

Kettenverschleiß messen
Fällt der Fühler des Caliber 2 ganz in die Kette, hat sie sich zu sehr gelängt. Bei A muss nur die Kette, bei S auch Ritzelpaket und Kettenblätter ersetzt werden.

Kette öffnen
Setzen Sie einen Kettennietdrücker an einer beliebigen Stelle der vernieteten Kette an und drücken Sie einen Nietstift ganz heraus.

Neue Kette ablängen
Tauschen Sie alt gegen neu, ist das ganz einfach: Legen Sie beide Ketten parallel nebeneinander und kürzen Sie die neue genau aufs Maß der alten Kette.

Kettenlänge Kettenschaltung
Legen Sie die neue Kette aufs große Blatt vorn und das größte Ritzel hinten. Nicht durchs Schaltwerk fädeln! Geben Sie zwei Glieder zur so ermittelten Länge dazu und kürzen Sie die Kette dort.

Kettenlänge Nabenschaltung
Stellen Sie die Radstandsverstellung nach vorn, montieren Sie die Kette. Straffen Sie dann die Kettenspann-Vorrichtung. Die Kette soll straff, aber ohne Geräusche leicht laufen (etwa 1 cm Durchhang).

Kettenspanner
Ist ein Kettenspanner montiert, muss die Kette so bemessen sein, dass er die Zusatzlänge auch auf beiden Kettenblättern unter Spannung halten kann.

Kette schließen
Mit einem nicht ganz herausgedrückten Niet können Sie die Kette wieder schließen. Setzen Sie den Nietdrücker so an, dass Sie den Niet senkrecht erwischen.

Stift vernieten
Mit dem Revolver von Rohloff lassen sich solche Nietstifte eindrücken und anschließend aufweiten, also »vernieten«. Dazu nutzt der Revolver ein Kreuzprofil.

Kette verschließen

Fädeln Sie die offene Kette durch Schalt-
werk, Umwerfer und über die Ritzel. Haken
Sie die losen Enden mit einer gebogenen
Speiche zusammen. Nun können Sie am
Verschlussstück spannungsfrei arbeiten.

Fahrradketten sind
auf die jeweilige
Antriebs- und Schal-
tungsart abgestimmt.
Sie unterscheiden
sich in ihrer seitlichen
Flexibilität, in Bau-
breite und -höhe, der
Laschenform, im Mate-
rial und Finish.
Von oben nach unten:
10-fach, 9-fach, 8-fach
Schaltkette, Naben-
schaltkette.

Kettenschloss schließen

Beide Endglieder müssen Innenlaschen sein.
Stecken Sie beide Schlosshälften und Kette
zusammen und verriegeln Sie das Schloss
durch kurzes, heftiges Auseinanderziehen.
Die Hälften rasten ins Langloch.

Ketten-Verschlüsse

Ganz ohne Werkzeug funktioniert das
Kettenschloss. Seine zwei Hälften werden
zusammengesteckt und rasten ein. Die
Alternative ist der Reparaturniet: Er muss
mit dem Nietdrücker eingepresst werden.

Reparaturniet verwenden

Shimanos Neun- und Zehnfach-Ketten müssen mit dem passenden Reparaturniet ver-
schlossen werden. Er wird am besten von
der Innenseite in die Kette gedrückt, sein
Überstand mit einer Zange abgebrochen.

Kettenlinie messen

Die Kettenlinie misst man von der Mitte
des Sitzrohrs bis zum mittleren Blatt bei
Dreifachkurbeln, bei Zweifachkurbeln bis
zur Mitte zwischen beiden Blättern.

Kettenlinie einstellen

Die Kette soll so gerade wie möglich zwischen Kettenblättern und Ritzel verlaufen.
Am Tretlager rücken Distanzringe die Kurbel
entsprechend weit nach außen oder innen.

Tipps & Tricks

➜ Tragen Sie zur Kettenmontage und
-pflege Einmal-Handschuhe aus dem
Drogeriemarkt.

➜ Verwenden Sie keine Entfetter-Bäder.
Diese holen die gesamte Schmierung aus
Laschen und Bolzen. Genau dort bekommen Sie aber nie wieder genügend Fett
hinein. Die Kette wäre ruiniert.

➜ Zur Laufleistung von Ketten lassen
sich keine genauen Angaben machen.
Zu unterschiedlich sind Witterungs- und
Schmutzbedingungen. Doch: Checken Sie
bei jedem zweiten Kettenwechsel auch
Ritzel und Kettenblätter!

Kettenpflege

Die gesamte Tretenergie des Fahrers wandeln die etwa 115 Kettenglieder in Vortrieb um. Die Belastung liegt im Laufe eines Kettenlebens im Bereich mehrerer Tonnen. Zudem rotiert der Gliederstrang direkt im Schussfeld von Nässe und Straßenschmutz. Doch mit sorgfältiger Pflege können Sie die Lebensdauer Ihrer Kette vervielfachen. »Sauber halten, schmieren, konservieren« lautet die Zauberformel.

Tipps & Tricks

→ Kurbeln Sie die Kette nach jeder Nässefahrt kurz durch einen trockenen Lappen. Verwenden Sie Sprühöl mit guten Kriecheigenschaften. Das verdrängt noch vorhandene Feuchtigkeit, Rost hat so keine Chance.

→ Kettenöl muss säurefrei und nicht harzend sein. Dünnflüssiges Öl wird schneller wieder weggeschleudert, zähes Öl ist schwieriger aufzutragen und muss länger einwirken. Sprühöl ist leicht aufzubringen und einfach handhabbar. Verwenden Sie nur biologisch abbaubare Öle.

→ Eine abschließende Schicht Sprühwachs versiegelt die Spalte, hält das Öl auch zwischen den Kettenbestandteilen an Ort und Stelle. Zudem weist es Wasser ab und an seiner trockenen Oberfläche haftet neuer Schmutz nicht so fest an.

Kette ölen
Verwenden Sie möglichst spezielles Kettenöl. Beträufeln Sie die gesamte Kette. Schalten Sie mehrfach alle Gänge durch, lassen Sie das Öl einige Minuten einwirken. Wischen Sie überschüssiges Öl danach ab.

Ölen und wachsen
Nach einer Reinigung der Kette mit einem benzingetränkten Tuch ölen Sie sie ein und wischen überschüssiges Öl nach dem Einwirken ab. Sprayen Sie dann eine Schicht Sprühwachs auf und lassen es abtrocknen.

Blockiertes Kettenglied
Kurbeln Sie die Kette langsam rückwärts. Am geringen Durchmesser des Schaltröllchens fällt ein steifes Kettenglied durch Buckeln deutlich sichtbar auf.

Kettenglied gängig machen
Biegen Sie die Kette um das blockierte Glied herum mehrmals seitlich kräftig hin und her. Im Notfall können Sie auch mit dem Nietdrücker leichten Druck auf den Niet der blockierten Lasche ausüben.

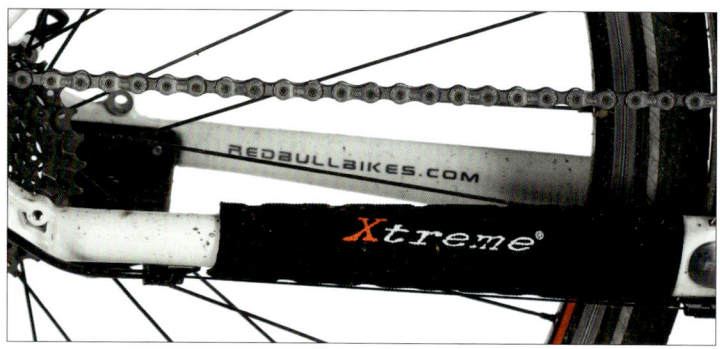

Kettenstrebe schützen
Besonders bei Kettenschaltungen prügelt die Kette von oben auf den Lack der Kettenstrebe ein. Eine Neoprenmanschette oder ein Stück alter Reifen, mit Kabelbindern befestigt, schützt dauerhafter als die oft verwendeten dünnen Klebefolien.

Die Kettenschaltung

Als System von hoher Effizienz und technisch gut beherrschbar hat sich die Kettenschaltung am Fahrrad bewährt. Heutige Schalt-Ensembles arbeiten extrem zuverlässig, schnell und komfortabel mit indexierten Gängen, hoher Übersetzungsbreite und mit immer geringerem Gewicht. Solange sie gut gewartet ist, kann keine andere Antriebsform mit der Kettenschaltung konkurrieren.

Die Abstufung machts: Straßenfahrer-Ritzel, 10-fach, mit zwölf bis 25 Zähnen von Shimano.

Noch Mitte der 1980er-Jahre war die Kettenschaltung etwas Fürchterliches: Nur Spezialisten gelang es, die Kette über stufenlose Schalthebel am Unterrohr zielgenau und rasselfrei auf ein bestimmtes der exakt auf das gewünschte Ritzel. Die Tretbewegung bleibt im Fluss und die Fahrt trotz sich veränderndem Landschaftsprofil dynamisch. Bei der Kettenschaltung haben sich zwei Ausprägungen herausgebildet: Die fein übersetzte Straßenschaltung bietet einen Übersetzungsumfang von etwa 250 Prozent, mit enger Gängestufung. Ein 10er-Ritzelpaket umfasst etwa zwölf bis 25 Zähne und ist meist mit nur zwei Kettenblättern von 53 und 39 Zähnen, oft auch mit 50-34er Kompaktabstufung kombiniert.

Durch raffinierte Detailverbesserungen werden Schaltwerke immer leichter: X.0-Schaltwerk von Sram.

Die hochdynamische Mountainbike-Abstufung mit breitem Gangspektrum umfasst eine Übersetzungsspreizung von über 500 Prozent. Die Ritzel starten mit elf und enden bei 34 Zähnen, die meist drei Kettenblätter bei 22 oder 26 und 44 oder 46 Zähnen. Hier gibt es gleich mehrere Untersetzungsgänge für starke Anstiege. An Trekking- und Reiserädern finden sich bevorzugt hochwertige Baureihen, wie Shimanos Deore, LX und XT-Gruppen oder Srams X-7, X-9 oder X.0-Kombos. Dass sehr oft ein Schaltwerk der nächsthöheren Kategorie montiert wird, ist blanke Augenwischerei. Der Perfektionsanteil des Schaltwerks alleine ist minimal.

Wichtiger ist die insgesamt passende, aufeinander abgestimmte Kombination aller Schaltkomponenten.

maximal sechs Ritzel am Hinterrad zu legen, ohne den Tretrhythmus unterbrechen zu müssen. Alle anderen fluchten, weil das Krachen im Getriebe schon wieder eine Fehlschaltung verkündete. Heute legen indexierte Tast- oder Drehschalter seitlich hochflexible Gliederstränge innerhalb zweier Zehntelsekunden

Damit kommt man auch mal den Berg hoch: 3x9-Ritzelpaket mit elf bis 34 Zähnen von Shimano.

Rund ums Ritzel

Mit zunehmender Betriebsdauer nagt eine sich längende Kette auch am Ritzelpaket. Etwa bei jedem zweiten Kettentausch ist auch das Ritzel fällig.

HG-IG-Check ansetzen
Setzen Sie Hebel und Messkette auf ein Ritzel. Das letzte Glied der Messkette bleibt hochgeklappt. Spannen Sie nun Hebel und Kette in Fahrtrichtung.

Verschleiß beurteilen
Klappt das Endglied unter Zug nicht widerstandslos in die Lücke, ist das Ritzel an der Verschleißgrenze. Springt die Messkette ganz ab, muss das Ritzel sofort runter.

Messwerkzeug
Der HG-IG-Check von Rohloff misst den Grad der Ausweitung von Zahnlücken am Ritzel exakt und auch unter Last. Er funktioniert an Shimanos 9- und 10-fach-Ritzeln der HG- und IG-Serien. Gemessen werden alle Ritzel zwischen zwölf und 21 Zähnen. Die größeren Ritzel verschleißen im Vergleich dazu nicht so schnell.

Ritzeltausch

Verschlissene Ritzel müssen im Paket getauscht werden. Auch bei Speichenbruch oder zur Demontage des Freilaufs muss die Ritzelkassette runter.

Verschraubung öffnen
Setzen Sie die Vielzahn-Nuss in die Ritzelmutter, setzen Sie die Kettenpeitsche auf eins der großen Ritzel und drehen Sie die Schraube mit der Nuss gegen den Freilauf auf. Anfangs ruckelt die Schraube.

Kassette abnehmen
Nehmen Sie die ersten Ritzel und Distanzringe einzeln, die vernieteten Ritzel als Paket vom Freilauf. Beachten Sie die unregelmäßig breite Verzahnung des Ritzelkörpers und am Freilauf.

Ritzelaufnahme fetten
Säubern und fetten Sie die Ritzelaufnahme. Prüfen Sie dabei auch, ob der Aluminium-Träger auf dem Freilauf Beschädigungen von eingefressenen Ritzeln hat und ob der Freilauf sauber dreht, ohne zu wackeln.

Ritzel reinigen
Befreien Sie alle Ritzel, Distanzringe, Zwischenräume und Zahnprofile von Ablagerungen. Nehmen Sie Entfetter oder Waschbenzin zu Hilfe, falls nötig.

Ritzelpaket montieren
Setzen Sie das gereinigte Ritzelpaket in die Verzahnung auf dem Freilauf. Die Verschlussschraube läuft leichter in ihr Gewinde, wenn Sie die Schraube, leicht gefettet, anfangs rückwärts drehen.

Ritzelpaket verschrauben
Ziehen Sie die Verschlussschraube mit der Vielzahn-Nuss, jetzt gegen die Sperrklinken, fest. Die Schraube ist gezahnt und verursacht, wie beim Öffnen, auf den letzten Millimetern der Drehung ein Ruckeln.

Tipps & Tricks zur Kettenschaltung

→ Die Kettenschaltung funktioniert nach dem Zug-Gegenzug-Prinzip: Der Schalthebel spannt den Bowdenzug gegen die Kraft einer Feder im Schaltwerk. Entlastet man den Zug am Schalthebel, stellt die Feder Schaltwerk und Kette in eine andere Position.

→ Mit den Zugstellschrauben können Sie jede Schaltung absolut geräuschlos und exakt einstellen. Drehen Sie die Stellschrauben nur in 1/4-Umdrehungen, gehen Sie beim Verstellen systematisch vor. Beobachten Sie, wohin das Schaltwerk wandert, wenn Sie die Zugspannung erhöhen oder verringern.

→ Vor der Schaltungs-Feinjustierung: Achten Sie darauf, dass die Zugnippel ganz in der Passung im Schalthebel liegen und dass die Zughüllen ohne Spiel in den Rahmenanschlägen sitzen. Das Zugende in der Klemmschraube von Umwerfer und Schaltwerk muss in der richtigen Position geklemmt sein.

→ Kommen Sie beim Einstellen nicht mehr weiter: Schalten Sie aufs kleinste Blatt und Ritzel, entlasten Sie die Schaltzüge ganz, straffen und klemmen Sie beide Züge neu in den Schaltwerken und beginnen Sie noch einmal systematisch von vorn.

Zugzugang am Schalthebel

Frische Schaltzüge wirken oft Wunder. Heutige Neun- oder Zehnfach-Schaltungen arbeiten mit extrem geringen Toleranzen und sind auf gleichmäßige Zugkräfte und hohe Leichtgängigkeit angewiesen. Spätestens, wenn die Schaltgenauigkeit nachlässt, ist es Zeit, die Züge zu ersetzen.

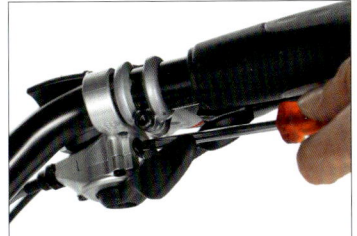

Shimano Rapid Fire-Schalter
Entfernen Sie die Madenschraube (Achtung: Nur 1/4 Umdrehung nötig!) im Gehäuse oberhalb der Tastschalter. Im entlasteten Zustand (9. Gang) lässt sich der Zug einfach herausschieben.

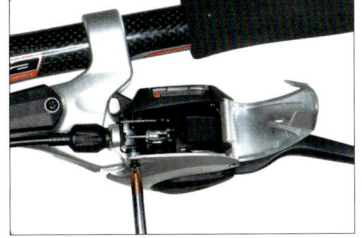

Shimano Dual Control links
Öffnen Sie zuerst die kleine Kreuzschlitzschraube. Sie gibt einen Klappdeckel im Gehäuse frei, unter dem man die Aufhängung des Zugnippels findet. Entlastet ist der Zug hier auf dem größten Blatt!

Shimano Dual Control rechts
Auch das Invers-Schaltwerk wandert bei entlastetem Zug aufs größte Ritzel. Schalten Sie in den 1. Gang. Der Zugnippel sitzt unter einer mit Madenschraube verschlossenen Bohrung im Griffgehäuse.

Sram X-Schalter
Entfernen Sie die untere Verkleidung mit der Sternschraube. Der Zugnippel liegt eingerastet in einer Passung unter der Spiralfeder. Heben Sie diese vorsichtig an und schieben Sie den Zug darunter hervor.

Sram Drehgriff-Schalter
Schalten Sie in den größten (9.) Gang. Der Schaltzug ist dann maximal entlastet. Unter einem Gummistopfen im Drehbereich des Griffs finden Sie den Zugnippel.

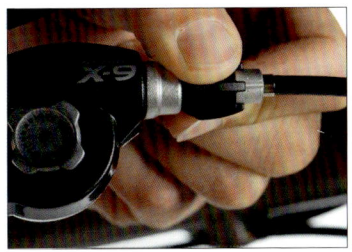

Zugspannungs-Schraube
Stellen Sie die Zugspannungs-Stellschraube vor dem Einsetzen eines neuen Zuges mittig. So bleibt genügend Verstellweg in beide Richtungen zur abschließenden Feinjustage der Schaltwerke.

Schaltzüge

Viele hunderttausend Bewegungen macht ein Schaltzug in seinem Leben mit. Schmutzpartikel, Feuchtigkeit und Materialabrieb setzen ihm dabei zu. Deshalb sind intensive Pflege und regelmäßiger Tausch ein Muss.

Zeit zum Tausch
Wenn die Enden des geflochtenen Schaltzugs so aussehen, ist es für einen Pflegeeinsatz schon zu spät. Da hilft nur noch schneller Austausch.

Zughüllen ölen
Als Nothilfe und bei nicht serienmäßig gefetteten Zughüllen: Schalten Sie aufs kleinste Ritzel, ziehen Sie die Hülle aus dem Rahmenanschlag. Einige Tropfen Öl in die Öffnung, Hülle hin und her schieben.

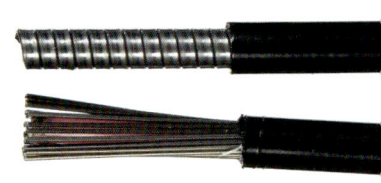

Brems- oder Schaltzughülle?
Hüllen für Bremsseile sind mit Spiralen armiert und haben einen größeren Durchmesser. Schaltzughüllen benötigen die Stützkraft der Längsdrähte, um den Zug möglichst exakt zu führen.

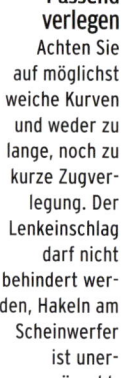

Passend verlegen
Achten Sie auf möglichst weiche Kurven und weder zu lange, noch zu kurze Zugverlegung. Der Lenkeinschlag darf nicht behindert werden, Hakeln am Scheinwerfer ist unerwünscht.

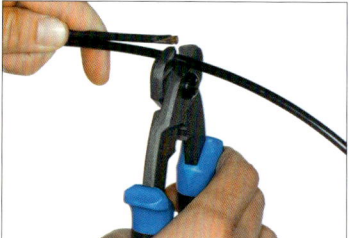

Hüllen schneiden
Längen Sie neue Hüllen nach dem Maß der alten ab. Verwenden Sie eine Papageienschnabel-Zange. Deren gerundete Schnittkanten quetschen die Hüllenenden weniger.

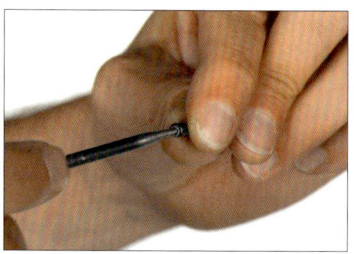

Öffnungen aufstechen
Gequetschte Zughüllen- oder innenliegende Liner-Enden machen Sie gängig, indem Sie einen Dorn, Nagel oder eine angespitzte Speiche benutzen, um die Stelle aufzuweiten. Entfernen Sie auch alle Grate.

Hüllendichtungen verwenden
In manche Rahmenanschläge passen auch solche Kunststoffhülsen mit verlängertem Zugauslass. Sie schützen vor dem Eindringen von Nässe und Schmutz (www.pointbike.de).

Tüllen fetten
Füllen Sie die Abschluss-Tüllen mit etwas Fett. Das erschwert Nässe und Schmutz den Wiedereintritt. Auch der Schaltzug nimmt einiges Fett mit auf seinen Weg ins Hülleninnere und gleitet besser.

Zugendkappen aufquetschen
Quetschen Sie mit behutsamem Druck eine Zugendkappe aufs Zugende. So kann das Seilende nicht aufspleißen. Das vermeidet zudem manch schmerzhafte Berührung.

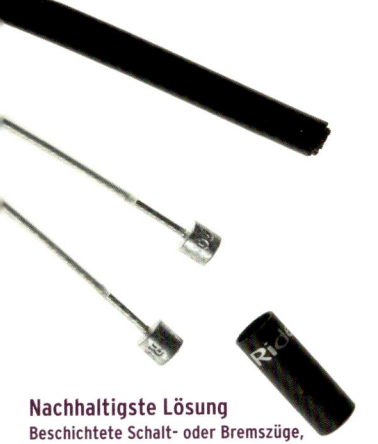

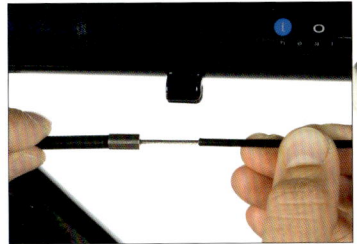

Nachhaltigste Lösung

Beschichtete Schalt- oder Bremszüge, wie die Ride On von Gore. Die geflochtenen, reibungsmindernd beschichteten Züge gleiten in innenbeschichteten Hüllen. Auch nach außen ist das System hermetisch abgedichtet.

Liner verlegen

Verhüllen Sie offen verlegte Zugstücke mit flexiblen Linern. Die bekommen Sie als Meterware im Fachhandel. Dadurch werden offene Zugabschnitte besser vor Rost und reibungsförderndem Schmutz geschützt.

Gibt Halt am Rahmen: Zug- und Bremsleitungsklemme. Sie nimmt die Zughülle drucklos in die Zange und wird im Rahmenanschlag verschraubt. Damit können Sie auch durchgehend geschlossene Zughüllen am Rahmen verlegen.

Schaltwerk montieren und einstellen

Der Kettenwechsler soll die Kette exakt von Ritzel zu Ritzel bewegen. Dazu muss er perfekt montiert und vor allem sauber eingestellt sein. Kein Problem, wenn Sie dabei systematisch vorgehen.

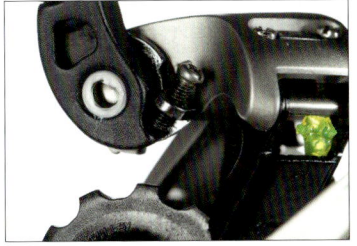

Schaltwerk montieren

Setzen Sie die Befestigungsschraube mit einem 5er Inbus und leicht gefettet ins Gewinde des Schaltauges. Drehen Sie die Schraube eine Umdrehung rückwärts, um den Gewindeanfang leichter zu finden.

B-Stellschraube beachten

Behalten Sie bei der Montage die Stellschraube für den Umschlingungswinkel im Auge (bei Sram: drehbare Profilscheibe). Zum Anschrauben müssen Sie das Schaltwerk axial etwas nach hinten drücken.

Reichweiten-Begrenzung

Diese Stellschrauben finden Sie an jedem Schaltwerk: Sie regeln, wie weit das Schaltwerk die Kette in Richtung große (= niedriger Gang, L wie »low«) oder kleine Ritzel (= hoher Gang, H wie »high«) befördert.

Innerer Anschlag

Schalten Sie in den 1. Gang. Der Schaltwerks-Käfig muss senkrecht unter dem größten Ritzel stehen. Die Kette darf beim Schaltvorgang bis zum Anschlag nicht nach innen vom Ritzel fallen (Stellschraube »L«).

Äußerer Anschlag

Schalten Sie in den 9. Gang. Der Käfig muss nun exakt senkrecht unter dem kleinsten Ritzel stehen. Beim Schaltvorgang mit Schwung darf die Kette nicht nach außen vom Ritzel fallen (Stellschraube »H«).

Umschlingungswinkel einstellen

Stellen Sie die Kette aufs größte Ritzel, vorn aufs kleinste Blatt. Kurbeln Sie rückwärts. Stellen Sie mit der »B«-Schraube die obere Schaltrolle mit Kette möglichst nah ans Ritzel, ohne dass sie es berührt.

Schaltwerk einstellen

Nach dem Zügetausch muss die Schaltung neu justiert werden. Dabei kommt es auf die richtige Spannung an.

Zugstellschraube ausrichten
Drehen Sie die Zugstellschraube am Schalt-hebel etwa vier bis fünf Umdrehungen heraus. So haben Sie in beide Richtungen genügend Verstellweg für die Zugspan-nung. Fädeln Sie den Zug am Hebel ein.

Schaltzug befestigen
Ziehen Sie den neuen Zug straff und ver-schrauben ihn am Schaltwerk. Die Zughül-len müssen ganz in den Rahmenanschlägen stecken. Die Kette liegt bei entspanntem Schaltwerk auf dem kleinsten Ritzel.

Schaltzug am Invers-Schaltwerk
Der einzige Unterschied ist die Feder-zugrichtung des Schaltwerks. Entspannt steht es unter dem größten Ritzel. Also fixieren Sie den Schaltzug in dieser Stellung an der Klemmschraube.

Korrekte Klemmstelle
Wichtig für exakte Schaltarbeit: Der Schalt-zug muss in der richtigen Position zur Klemmschraube liegen. Achten Sie auf eine Nut oder Klemmspuren des alten Zugs. Das ist nicht immer so gut erkennbar wie hier.

Zugspannung feinjustieren
Schalten Sie nun Gang für Gang durch. Ausgehend vom siebten Ritzel muss bei unwilligem Klettern der Kette auf große Ritzel die Zugspannung erhöht, zu den kleinen Ritzeln hin verringert werden.

Stellschraube am Schaltwerk
Immer am Schalthebel, oft zusätzlich auch am Schaltwerk finden Sie Zugstellschrau-ben. Die drücken die Zughülle vom Schalt-werk weg und spannen damit den Schalt-zug. Drehen Sie nur in 1/4-Umdrehungen!

Umwerfer

Beim Umwerfer kommt es neben der exakten Zugspannung auch auf die korrekte Ausrichtung an.

Position der Umwerferschelle
Der Umwerfer arbeitet optimal, wenn sein Leitblech etwa 3 mm über den Zahnspitzen des großen Blatts steht. Neue Shimano-Umwerfer tragen ab Werk einen Sticker als Justagehilfe.

Probe aufs Exempel
Passt eine 2-Euro-Münze zwischen Umwer-ferkäfig und großes Kettenblatt, ist die Höhe ok. Richten Sie den Umwerfer noch ohne Schaltzug aus. Der zieht die offene Schelle sonst am Sitzrohr nach oben.

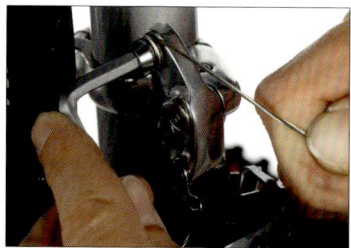

Schaltzug klemmen
Ohne Zugspannung steht der Umwerfer über dem kleinsten Kettenblatt. Drehen Sie die Zugspannschraube mittig und straffen Sie den Zug mit der Hand. Fixieren Sie ihn in seiner Nut an der Klemmschraube.

Schalten Sie aufs mittlere Blatt. Streift die Kette noch am Leitblech des Umwerfers, regulieren Sie die Zugspannung hoch oder runter. Das Leitblech wandert dann entsprechend nach außen oder nach innen.

Äußeren Anschlag justieren

Die »H«-Schraube begrenzt den Weg des Käfigs nach außen, zum schweren Gang. Das äußere Leitblech darf die Kette in der Stellung vorne: groß, hinten: klein (der größte Gang) nicht berühren.

Inneren Anschlag justieren

Die »L«-Schraube begrenzt den Weg des Käfigs nach innen, zum leichtesten Gang. Auch das innere Leitblech darf die Kette in der Stellung vorne: klein, hinten: groß (der kleinste Gang) nicht berühren.

Troubleshooting: Kettenschaltung

Kette klettert nur nach Überschalten am Shifter aufs nächste Ritzel	Erhöhen (Sram/Shimano Top Normal) oder verringern (Shimano Invers) Sie die Zugspannung an der Justierschraube am Shifter oder Schaltwerk. Drehen Sie dort immer nur Klick für Klick in Viertelumdrehungen.
Kette fällt nur widerwillig aufs nächst- kleinere Ritzel	Verringern (Sram/Shimano Top Normal) oder erhöhen (Shimano Invers) Sie die Zugspannung an der Justierschraube am Shifter. Drehen Sie dort immer nur Klick für Klick.
Kette fällt beim Hoch- und Runterschalten über das Endritzel hinaus	Schwenkbereich verstellt. Stellen Sie L- bzw. H-Stellschraube neu ein.
Trotz penibler Schaltungs-Justage schaltet die Kette am Ritzel nicht korrekt	Schaltauge verbogen: Biegen Sie das Schaltauge mit dem Richtwerkzeug vorsichtig in Form.
Trotz penibler Schaltungs-Justage springt die Kette auf dem Ritzel	1. Steifes Kettenglied: Lokalisieren Sie es durch Rückwärtsdrehen am Leit- röllchen. Biegen Sie die Kette an der Stelle von Hand hin und her. 2. Kette verschlissen. Tauschen Sie die Kette, evtl. auch Ritzel und Blätter.
Kette klettert nicht aufs größte Blatt	1. Zugspannung zu gering: Erhöhen Sie an der Justierschraube am Shifter die Zugspannung. 2. Schwenkbereich verstellt: Öffnen Sie die H-Stell- schraube ein wenig.
Kette fällt vom kleinsten Blatt nach innen	Schwenkbereich verstellt: Drehen Sie die L-Stellschraube ein wenig zu.
Kette rasselt am Nachbarritzel oder am Umwerfer-Leitblech	Erhöhen (Sram/Shimano Top Normal) oder verringern (Shimano Invers) Sie die Zugspannung an der Justierschraube am Shifter. Drehen Sie dort immer nur Klick für Klick.
Kette kreischt oder knirscht	Kette läuft trocken oder ist verschmutzt. Reinigen Sie sie mit Entfetter, ölen Sie jedes Glied einzeln und versiegeln Sie die Kette mit Sprühwachs.
Kette hat sich am Tretlager verklemmt	Drehen Sie die Kurbel vorsichtig rückwärts und ziehen Sie das Kettenstück dabei aus der Klemmstelle. Zur Not müssen Sie die Kurbel lösen, um die Kette wieder freizubekommen.

SCHALTEN IN DER DOSE

Nabenschaltungen sind robust, unkompliziert und praktisch. Für fast jeden Einsatzbereich gibt es heute eine passende Schaltnabe. Wieso dabei seit über 100 Jahren immer der richtige Gang herauskommt, zeigt der Blick ins Innere.

Als am 1. Juli 1903 nachmittags vor der Auberge Réveil-Matin bei Paris 60 Radrennfahrer zur allerersten Tour de France der Geschichte aufbrachen, kurbelten alle noch mit festen Übersetzungen. Die einzige Form der Übersetzungsanpassung waren damals Wendenaben: Links und rechts auf der Hinterradnabe saß je ein Ritzel unterschiedlicher Größe. Auf der Passhöhe fingerten die Sportsmänner ihr Hinterrad heraus und montierten es seitenverkehrt. Schon war der Berg- durch einen Schnellgang ersetzt, die Hatz konnte weitergehen. Heute nennt sich das »Singlespeed« und liegt voll im Trend. Zur selben Zeit, als sich die 60 Fahrer durch Frankreich quälten und Rennsport-Geschichte schrieben, legte in Nürnberg ein enthusiastischer Radfahrer und Feinmechaniker letzte Hand an seine neu entwickelte Zweigangnabe mit Freilauf und schrieb damit Technikgeschichte. Unter dem Namen »Torpedo« meldete er sie noch im selben Jahr zum Patent an. Ernst Sachs hatte sich bei einem Unfall einen komplizierten Unterschenkelbruch zugezogen und musste den Radsport aufgeben. Umso mehr konzentrierte er sich auf die Entwicklung von Schalt- und Rücktrittnaben, die er bereits 1904 in acht Versionen produzierte. Die von ihm und seinem Partner gegründete Firma »Fichtel & Sachs« in Nürnberg produzierte bereits 1939 ihre 50-millionste Torpedo-Nabe. Bis weit in die 1970er-Jahre konzentrierte sich F&S auf Dreigangschaltungen mit und ohne Rücktrittbremse. 1987 erschien die Pentasport-Fünfgangschaltung, aus der dann einige Jahre später die Super 7 weiterentwickelt wurde.

Doch der Fahrrad-Boom der 1980er-Jahre hatte mit dem Mountainbike auch die Entwicklung der Kettenschaltung stark vorangebracht. Die Zeit der Nabenschaltungen schien vorüber. 1997 übernahm der amerikanische Schaltungs-Hersteller Sram die Zweiradsparte von Sachs. Ein Jahr später präsentierte Bernd Rohloff das Feinmechanik-Wunder »Speedhub 500/14«, die als klare Kampfansage an die Kettenschaltung verstanden wurde. »Die Rohloff« überzeugte mit 14 gleichmäßig gestuften Gängen, überragender Verarbeitung und extremer Haltbarkeit. Ihre Übersetzungsbreite von 526 Prozent und die Ganganzahl entsprechen derjenigen einer Kettenschaltung, solange man doppelte und Gänge mit extremen Kettenschräglauf ausklammert. Eine erschwinglichere Alternative zur teuren Highend-Nabe er-

Hutmutter, Fixierscheibe und Stoppmutter (hier nicht vorhanden) verspannen die Achse verdrehsicher im Rahmen.

schien 2003 mit der Nexus 8 von Shimano. Sie erreichte große Aufmerksamkeit durch leichtgängiges, servo-unterstütztes Schalten, relativ gute Abstufung der acht Gänge und hohe mechanische Zuverlässigkeit. Sie schuf eine neue Gattung leichter, sportiver Alltagsräder in der 800-Euro-Klasse.
Da noch eins draufzusetzen, gelang

Die Einstellanzeige zeigt, wann Zuglänge und Getriebestufen übereinstimmen.

2006 den Sachs-Nachfolgern von Sram in Schweinfurt: Mit ungebrochenem Elan entwickelten sie die Neun-Gang-Nabe i-Motion 9 mit gleichmäßig gestuften Gangsprüngen und 340 Prozent Übersetzungsbreite. Sie erlaubt die Kombination

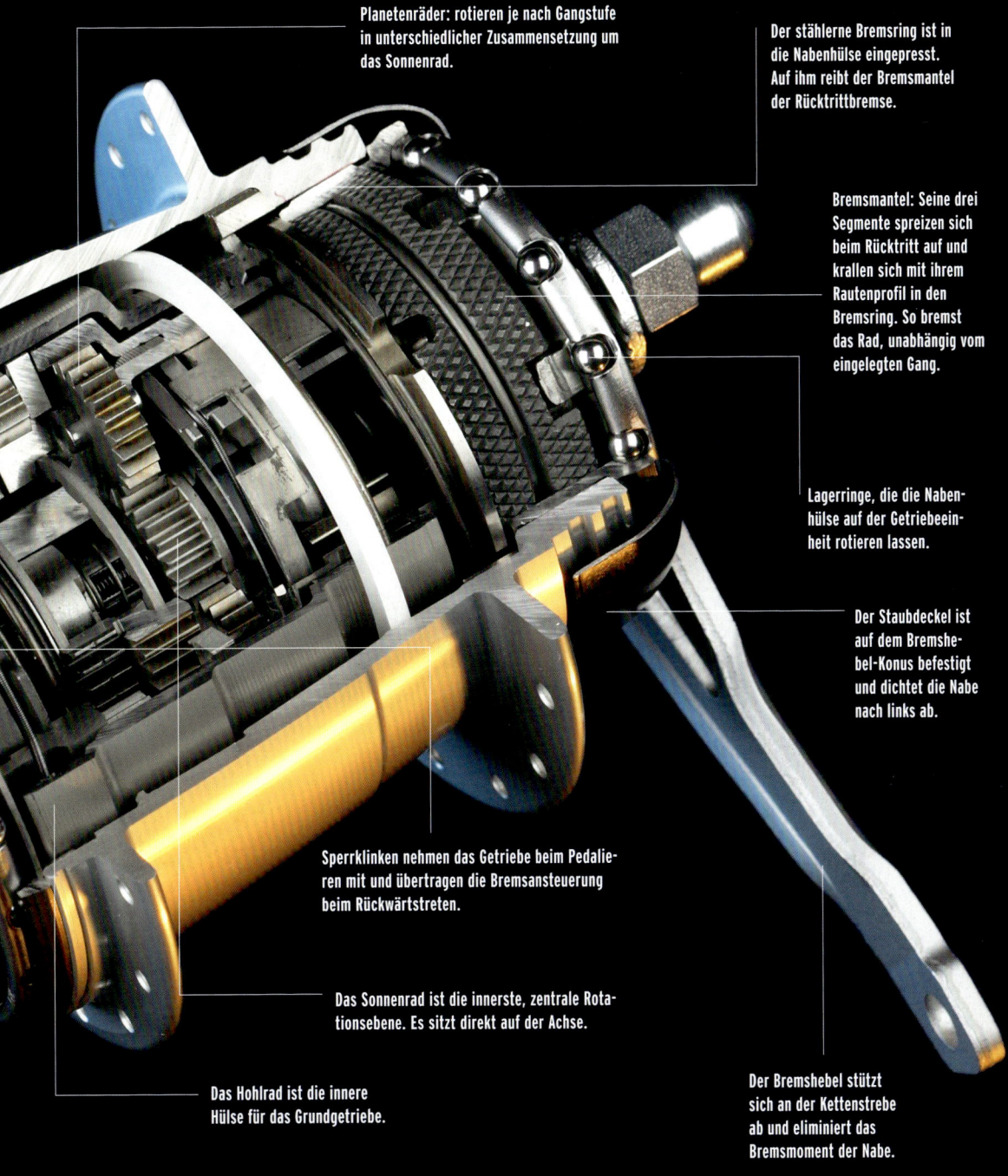

Planetenräder: rotieren je nach Gangstufe in unterschiedlicher Zusammensetzung um das Sonnenrad.

Der stählerne Bremsring ist in die Nabenhülse eingepresst. Auf ihm reibt der Bremsmantel der Rücktrittbremse.

Bremsmantel: Seine drei Segmente spreizen sich beim Rücktritt auf und krallen sich mit ihrem Rautenprofil in den Bremsring. So bremst das Rad, unabhängig vom eingelegten Gang.

Lagerringe, die die Naben-hülse auf der Getriebeein-heit rotieren lassen.

Der Staubdeckel ist auf dem Bremshe-bel-Konus befestigt und dichtet die Nabe nach links ab.

Sperrklinken nehmen das Getriebe beim Pedalie-ren mit und übertragen die Bremsansteuerung beim Rückwärtstreten.

Das Sonnenrad ist die innerste, zentrale Rota-tionsebene. Es sitzt direkt auf der Achse.

Das Hohlrad ist die innere Hülse für das Grundgetriebe.

Der Bremshebel stützt sich an der Kettenstrebe ab und eliminiert das Bremsmoment der Nabe.

Zugkupplung: Hier findet das Getriebe Anschluss an Schaltzug und -griff.

mit allen modernen Bremssystemen: Es gibt Versionen mit Rücktritt-bremse, mit Aufnahmen für Schei-ben- oder Rollenbremsen. V-Brakes oder hydraulische Felgenbremsen sind natürlich ebenfalls verwend-bar. Damit ist die Nabenschaltung wieder da angekommen, wo sie vor über 100 Jahren zum Anfang ihrer Entwicklung schon einmal war: Sie kann bei annehmbarem Gewicht und Preis als Sorglos-Antrieb mit genü-gend Entfaltung selbst für sportliche Fahrer gelten. Dank problemloser Bedienbarkeit, hoher Langlebigkeit und breiter Anwendung eignet sie sich perfekt für Ganzjahresfahrer. Die Schaltnabe hat noch eine große Zukunft vor sich. Von der Tour de France kann man das heute nicht mehr unbedingt behaupten.

Nabenschaltungen

Ein niedriger Wartungsbedarf und damit verbundene Robustheit machen die Getriebe in der Dose so attraktiv. Sie tun lange problemlos ihren Dienst und sind vielseitig kombinierbar. Die alltagstauglichen 8- und 9-Gang-Getriebenaben sind dazu auch sportiv fahrbar. Für härtesten Einsatz im Sport, für Alltags-Vielfahrer oder Fernreiseräder empfiehlt sich die Rohloff Speedhub mit 14 Gängen.

Style-Paket fürs elegante Alltagsrad: die Alfine-Gruppe von Shimano.

Die Nabenschaltung hat in den letzten Jahren eine stürmische Entwicklung durchgemacht: die vom hässlichen Entchen zum stolzen Schwan. Galt sie bis dato als schwer, schwergängig und antiquiert, begann 1998 mit Rohloffs Einführung der Speedhub 500/14 eine neue Ära für Schaltgetriebe am hochwertigen Fahrrad. Deren Leistungsdaten orientierten sich vom Anfang der Planung an der Kettenschaltung: Die Speedhub sollte der offenen Schaltung in Übersetzung, »echter« Ganganzahl, Präzision, Schaltgeschwindigkeit und Langlebigkeit ebenbürtig oder überlegen sein. Und hat das auch geschafft. Ihr Preis ist allerdings so hoch wie der eines ganzen Fahrrads. Doch für Räder wird inzwischen auch

gerne mal mehr ausgegeben. Der breite Durchbruch für die Nabenschaltung im sportiven Allround-rad gelang 2003 Shimano: Die zeitgemäße Nexus 8-Gang-Nabe geriet relativ leicht, leise, praktisch und ansehnlich. Und sie war dank großer Stückzahlen auch günstig zu fertigen. An diesen Erfolg knüpfte Shimano vier Jahre später an mit der Entwicklung einer modernen Nabenschalt-Gruppe aus einem Guss. Die Alfine wurde zum ersten durchgestylten Konzept dieser Art für Anspruchsvolle. Die erprobte Schalttechnik stammt, mit einigen Detailverbesserungen, aus der Nexus 8. Das umfangreiche Alfine-Konzept bietet

zudem die Wahl zwischen V- oder Scheibenbremse, Einfach- oder Doppel-Kettenblatt, einen leichten, leistungsfähigen Nabendynamo und einen Satz Systemlaufräder mit auffälliger Speichung und speziell gestalteten Nabengehäusen. Neu und eigenständig war auch die zeitgemäße, aufregende Gestaltung mit weichen Formen, polierten Oberflächen sowie der Integration modernster Technik wie externer Tretlagerkonstruktion oder hydraulischer Scheibenbremse. Eine Kombo ähnlichen Umfangs, mit der Option auf einen Gang mehr und gleichmäßigerer Abstufung, hat seit 2006 auch Konkurrent Sram in petto. Der Wettkampf der Systeme ist also eröffnet. Der Markt bietet anspruchsvollen Vielfahrern eine Auswahl, die nie größer war.

Mit neun Gängen fit für fast jede Situation: i-Motion 9 aus Schweinfurt von Sram.

Shimano Nexus und Alfine

Die Nexus 8-Nabe war der Befreiungsschlag für die moderne Nabenschaltung. Sie arbeitet extrem leicht-gängig durch Schaltservo-Unterstützung, schaltet schnell, exakt und leise. Mit 324 Prozent ist sie breit übersetzt. Ihre »hübsche Schwester« ist die technisch vergleichbare Alfine. Die Edel-Nabe gibt es nur mit Freilauf und, als Novum, auch mit gruppeneigener hydraulischer Scheibenbremse.

Zug abnehmen
Zum Radausbau schalten Sie in den 1. Gang. Der Zug ist nun ganz entspannt. Ziehen Sie das Ende der Zughülle aus dem geschlitzten Rahmenanschlag.

Schaltzug trennen
Anschließend können Sie den Schaltzug aus seiner Führung fädeln und nach hinten aus der halb offenen Langlochhalterung neben dem Ritzel nehmen.

Rücktritt-Abstützung demontieren
Bei einer Rücktrittnabe müssen Sie vor dem Radausbau noch die Abstützung des Bremsmoments lösen. Demontieren Sie die Schelle an der Kettenstrebe.

Achse öffnen
Öffnen, bzw. verschließen Sie die Achsmut-tern immer parallel mit zwei 15er-Schlüs-seln. So vermeiden Sie ein Verspannen oder Verkanten der Achse. Achten Sie auf korrekten Sitz der Stoppmuttern.

Zugkupplung demontieren
Die Kupplungsschraube der Nexus öffnen Sie mit einem 10er-Maulschlüssel. Halten Sie das abgeflachte Ende mit einer Zange gegen. Orientieren Sie sich beim neuen Zug an der Länge des alten.

Zugspannung verändern
Die Zugspannung zum Feinjustieren der Schaltung verändern Sie an der Stell-schraube am Hebel. Drehen Sie sie vor einem Zügetausch etwa ein Drittel heraus, um beidseitig Verstellweg zu haben.

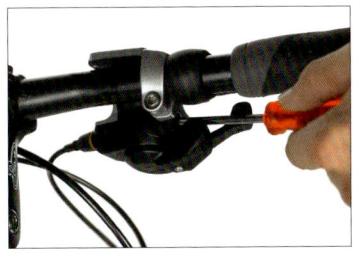

Zugzugang Tastschalter
An Rapid Fire-Tastschaltern liegt der Zugnippel hinter einer Madenschraube. Achtung: Die benötigt nur eine viertel Umdrehung!

Zugzugang Drehschalter
Beim Drehschalter Revoshift müssen Sie zuerst eine Kreuzschlitzschraube entfer-nen, um den Gehäusedeckel auszuklicken. Darunter finden Sie den Zugnippel.

Feinjustage
Im 4., dem Direktgang, müssen beide gel-ben Markierungen parallel stehen. Durch Ein- oder Ausdrehen der Stellschraube können Sie die Markierungen verstellen.

Nexus und Alfine

Nexus 8 feinjustieren

Stellen Sie die Schaltung auf Gang 4, den Direktgang. Durch Drehen der Zugstellschraube am Schaltgriff justieren Sie beide gelbe Markierungen im Sichtfenster der Nabe parallel.

Beschlägesatz demontieren

Drehen Sie den obersten Ring mit den zwei gelben Punkten nach links frei und nehmen ihn ab. Die restlichen Teile und eine darunterliegende Dichtung können dann zusammen abgehoben werden.

Sprengring abnehmen

Nutzen Sie eine der drei Aussparungen auf dem Ritzelträger, um den Sprengring mit einem Schraubendreher aus seiner Nut zu hebeln.

Ritzel abnehmen

Nun kann das Ritzel einfach vom Träger genommen werden. Reinigen Sie Ritzel und Aufnahme. Fetten Sie alle Kontaktflächen leicht vor dem Zusammenbau.

Schaltseilaufnahme einsetzen

Setzen Sie die Dichtung, dann den Beschlägesatz an seinen Platz. Zum Einsetzen müssen sich alle roten Punkte gegenüberstehen. Den Verriegelungsring auf gelb einsetzen und nach rechts arretieren.

Schaltzug einkuppeln

Nach dem Einsetzen der Nabe in den Rahmen setzen Sie das Schaltzugende in seine Langloch-Passung (Gang 1) und fädeln das Seil unter leichtem Zug in seine Führung ein.

Zughülle einhängen

Liegt der Schaltzug wieder in seiner Führung, ziehen Sie das Ende seiner Hülle Richtung Schaltgriff (Gang 1) und setzen es wieder in den geschlitzten Rahmenanschlag ein.

Die Nasen der verschiedenfarbigen Stoppmuttern fixieren die abgeflachte Nabenachse in verschieden ausgerichteten Ausfallenden.

Mehr Infos zum Thema auf:
www.shimano-eu.com
www.sram.com

Sram i-Motion 9

Das 9-Gang-Nabengetriebe von Sram wird, in Nachfolge des deutschen Schaltungspioniers Fichtel & Sachs, in Schweinfurt gefertigt. Die i-Motion 9 bietet regelmäßig gestufte Gänge als Freilauf- oder Rücktrittnabe und kann mit der hauseigenen i-Brake, Scheiben- oder V-Bremsen kombiniert werden.

Schaltzug aushängen
Schieben Sie im 1. Gang den Deckel der Verschlusshülse aus seiner Rasterung nach rechts, in Fahrtrichtung, weg. Die darunterliegende Kupplung lässt sich senkrecht nach unten vom Zapfen nehmen.

Zugende freilegen
Drehen Sie die Stellhülse (im Bild rechts) los und nehmen Sie die Verschlusshülse ab. Das Federchen liefert Gegenzug zwischen Messingkupplung und Zughülle.

Zugkupplung entfernen
Öffnen Sie die Madenschraube der Messingkupplung (2er-Inbus), nehmen Sie die Feder ab. Den Schaltzug können Sie nun vom Schaltgriff her herausziehen.

Zugzugang am Schalthebel
Nach dem Aufstemmen eines Gummiverschlusses finden Sie den Zugnippel im 1. Gang in seiner Passung. Entfernen Sie den alten, ziehen Sie den neuen Zug straff ein.

Feinjustieren
Die Fein-Einstellung geschieht im 6., dem Direktgang. An zwei Fenstern kettenseitig sehen Sie Einstellfenster. Spannen oder lockern Sie den Zug so weit, dass beide Markierungen parallel stehen.

Zug ablängen
Ziehen Sie einen neuen Schaltzug ein und straffen Sie ihn. Exakt 82 mm nach Austritt aus Zughülle und Stellhülse längen Sie ihn ab. Schrauben Sie die Messingkupplung bündig aufs Zugende und kuppeln ihn ein.

Sprengring abheben
Das Ritzel wird von einer Drahtspange gehalten. Hebeln Sie diese mit einem Schraubendreher aus ihrer Nut. Das Ritzel kann dann einfach abgehoben werden. Achten Sie auf seine Nocken-Verzahnung.

Ritzel abnehmen
Reinigen Sie das Ritzel sorgfältig und fetten Sie die Aufnahme leicht. Setzen Sie das Ritzel mit seinen Nocken passgenau in die Aussparungen der Aufnahme. Spannen Sie den Sprengring wieder auf.

Nabeneinbau
Setzen Sie Achse und Stoppmuttern in die Ausfallenden und richten Sie das Laufrad symmetrisch aus. Schrauben Sie die Muttern zuerst handfest, dann mit zwei Schlüsseln parallel ganz fest.

Rohloff Speedhub

Die sportliche, wartungsarme und extrem langlebige Speedhub ist die Königin unter den Nabengetrieben. Auch sie braucht regelmäßig Zuwendung und Pflege. Alle Wartungsarbeiten können Sie selbst erledigen.

Radausbau

Seilbox abnehmen
Schalten Sie in Gang 14. Öffnen Sie dann die geriffelte Schraube mit einer Münze oder von Hand. Sie sollte leicht gefettet und nur handfest wieder fixiert werden.

Achse öffnen
Sind Bremse offen und Züge getrennt, öffnen Sie Schnellspann- oder Schraubachse und entnehmen das Hinterrad nach unten. Heben Sie dann die Kette vom Ritzel.

Bajonettverschluss trennen
Verdrehen Sie beide Bajonetthälften gegeneinander in einem mittleren Gang. Achtung: nicht auf den Federn halten. Zum Verschließen einfach zusammenklipsen.

Zügetausch Seilbox

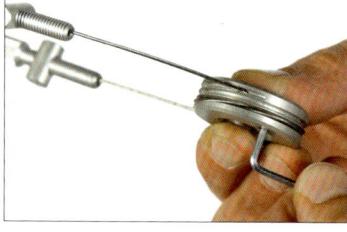

Züge am Schaltgriff
Entfernen Sie beide zylindrischen Zuganschläge. Nach leichtem Dreh des Schalters sehen Sie die Zugnippel in ihren Passungen. Schieben Sie die Züge heraus.

Öffnen der Seilbox
Nehmen Sie die Seilbox im 14. Gang von der Nabe. Öffnen Sie beide Deckelschrauben (20er-Torx). Nehmen Sie Seilrolle und Stellschrauben aus dem Gehäuse.

Schaltzüge abnehmen
Die Züge liegen in je zwei Wicklungen, gehalten von Madenschrauben (2,5er-Inbus) auf der Rolle. Öffnen Sie diese und schneiden Sie aufgesplissene Enden ab.

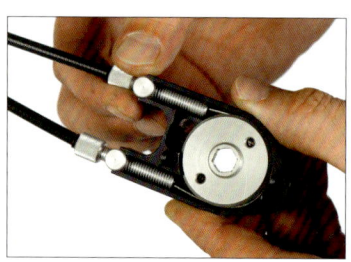

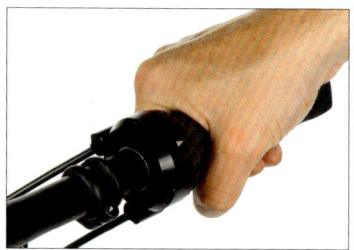

Seilrolle einlegen
Führen Sie die neuen Züge vom Griff her zur Rolle ein, schneiden Sie genau 200 mm nach Austritt aus der Zughülle. Fixieren Sie sie in der Rolle und wickeln diese auf.

Seilbox aufsetzen
Achten Sie auf die richtige Position der Rolle in der Box. Stellen Sie den Schaltstift mit einem 8er-Maulschlüssel nach links zum Anschlag, den Griff in Gang 14.

Schaltung synchronisieren
Bauen Sie die Seilbox leicht gefettet zusammen und setzen Sie sie auf die Nabe. Drehen Sie zur Probe den Schaltgriff einmal durch alle 14 Gänge.

Bajonett-Verschluss

Alte Züge entfernen
Schneiden Sie die Enden der alten Züge ab, bevor sie sie zum Schaltgriff hin herausziehen. So kann das durch Madenschrauben gequetschte Zugende den innen liegenden Liner nicht beschädigen.

Zügetausch am Schaltgriff
Entfernen Sie den oberen Zuganschlags-Zylinder am Schaltgriff (Torx 20). Fischen Sie Nippel und Züge in Gangposition 2 und 13 aus der Passung und fädeln Sie die neuen Züge ein.

Tipps & Tricks

→ Drehen Sie zum Aufsetzen der Seilbox ganz leicht am Schaltgriff, um Seilrolle und Schaltstift zu synchronisieren.

→ Das Trennen der Seilbox geht am besten im 14. Gang. Bei Bajonettverschluss in einem mittleren Gang: Wenn beide Bajonette nah beieinanderstehen, ist die Zugspannung gleichmäßig verteilt.

→ Spannen Sie beide Schaltzüge an den Stellschrauben so vor, dass der Leerweg am Hebel etwa 2 mm beträgt. So bleibt das Rastgefühl beim Schalten erhalten.

Stellschrauben justieren
Beide Zugeinsteller sollten vor der Zugmontage etwa zwei Umdrehungen aus dem Gegenhalter herausgedreht sein.

Züge ablängen
Ziehen Sie abwechselnd beide Schaltseile (von der Nabe kommend) bis zum Anschlag heraus, und kürzen Sie den Schaltzug (vom Griff kommend) an der Spitze des Bajonetts. Verwechseln Sie Zug 1 und 14 nicht.

Bajonette montieren
Drehen Sie beide Klemmschrauben am Bajonett 2 mm heraus, setzen Sie das Bajonett bis Anschlag aufs Zugende. Drehen Sie beide Klemmschrauben (2er-Inbus) zu und koppeln Sie die Bajonetthälften.

Einbau Hinterrad

Achse einfädeln
Achten Sie beim Radeinbau auf den korrekten Sitz der Drehmoment-Abstützung im langen Ausfaller-Schlitz und, falls vorhanden, der Bremsscheibe.

Kette aufs Ritzel legen
Ist ein Kettenspanner montiert, halten Sie ihn beim Radein- oder -ausbau nach hinten. Legen Sie die Kette vor dem Radeinbau aufs Ritzel, achten Sie auf deren Spannung.

Kettenspanner pflegen
Reinigen Sie die Leitrollen des Kettenspanners regelmäßig. Träufeln Sie, vor allem nach Nässefahrten, etwas Öl auf Gelenke und den Sitz der Spannfeder.

Ölwechsel an der Speedhub

Mehr Infos zum Thema auf:
www.rohloff.de

Empfohlen wird ein Ölwechsel alle 5000 Kilometer oder einmal jährlich. Sie brauchen dafür einen ruhigen Platz und 45 Minuten Zeit.

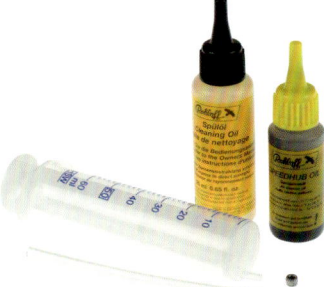

Rohloff-Ölwechsel-Set
Das Set enthält je 25 ml Spül- und Getrie-
beöl mit Ganzjahrescharakter. Dazu eine
Spritze, Befüll-Schlauch mit Gewinde und
eine neue Verschlussschraube. Bezug im
Fachhandel oder über www.rohloff.de.

**Ablassschraube
öffnen**
Stellen Sie die
Ablassschraube
nach oben und
öffnen Sie sie mit
einem 3er-Inbus.
Bei über ca. 15 °C
ist das Öl ausrei-
chend flüssig zum
Abfließen.

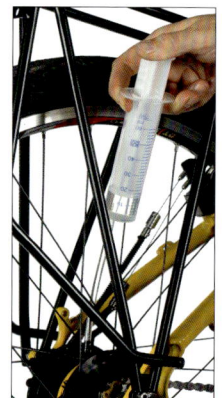

Spülen
Ziehen Sie 25 ml
Spülöl auf und
schrauben Sie
den Schlauch in
die Naben-Öff-
nung. Nach dem
Einfüllen zum
Druckausgleich
etwas Luft abzie-
hen, Schlauch ab-
und Verschluss
aufschrauben.

**Spülen und
ablassen**
Kurbeln Sie drei
Minuten lang in
den Gängen 3
bis 5. Stellen Sie
die Nabe mit der
Ablassschraube
15 Min. lang nach
unten. Ziehen
Sie dann mit der
Spritze insge-
samt 50 ml Öl
aus der Nabe.

Neu befüllen
Sammeln Sie
das Altöl in der
leeren Spülöl-
flasche. Ziehen
Sie das Speedhub
Oil auf und
drücken Sie die
gesamten 25 ml
ins Getriebe.
Ziehen Sie zum
Druckausgleich
etwa 25 ml Luft
in die Spritze.

Neue Ablassschraube
Setzen Sie die neue Ablassschraube ein
und ziehen Sie sie mit nur 0,5 Nm fest. Aus
dem Gewinde tritt überschüssiger Schraubenkleber aus. Wischen Sie eventuelle
Ölspuren vom Nabenkörper ab.

Ritzel tauschen

Abzieher ansetzen
Setzen Sie den Rohloff-Ritzelabzieher in
die Aussparungen der Halteschraube und
sichern Sie ihn gegen Abspringen mit der
Naben-Schnellspannachse.

Ritzel abschrauben
Halten Sie Nabe und Abzieher mit einem
24er-Maulschlüssel. Schrauben Sie das
Ritzel mit der Kettenpeitsche gegen den
Uhrzeigersinn von der Nabe.

Ritzel wenden oder tauschen
Reinigen Sie Ritzel, Gewinde und den
darunterliegenden Simmerring. Ein leichter Ölfilm dort ist normal. Fetten Sie das
Gewinde und schrauben Sie das umge-
drehte oder neue Ritzel fest.

Sram Dual Drive

@ Mehr Infos zum Thema auf:
www.sram.com
www.shimano-eu.com

Die kombinierten Naben-Kettenschaltungen »Dual Drive« von Sram und »Intego« von Shimano funktionieren vergleichbar und bieten ein hohes Maß an Bedienkomfort. Die sonst üblichen drei Kettenblätter ersetzt hier eine Dreigangnabe im Hinterrad. So lassen sich die Hybrid-Schaltungen auch bequem im Stand schalten.

Schaltbox abnehmen
Schalten Sie in den 1. Gang. Drücken Sie den Entriegelungsknopf an der Schaltbox kräftig nach unten. Dann lässt sich die Box von der Achse ziehen.

Zugzugang
Zum Zugtausch klipsen Sie die Abdeckung am hinteren Ende der Schaltbox ab. Darunter liegt die Klemmung des Zugendes. Öffnen Sie die 4er-Inbusschraube und wechseln Sie den Zug gegen einen neuen.

Schaltwerk einstellen
Genau wie bei der konventionellen Kettenschaltung wird auch hier die Reichweite des Schaltwerks mit der L- und H-Schraube reguliert. Die Stellschraube zur Zugspannung findet sich am Schalthebel.

Schaltwerk ölen
Um dem Schaltwerk die Arbeit zu erleichtern, sollten Sie seine Gelenke alle paar Monate, vor allem aber nach Nässefahrten, mit einem Tropfen Öl schmieren.

Schaltstift fetten
In der Hohlachse sitzt der Schaltstift. Schrauben Sie ihn gegen den Uhrzeigersinn heraus, fetten Sie Gewinde und Schaft. Drehen Sie ihn handfest wieder ein.

Schaltnabe feineinstellen
Schalten Sie in den 1. Gang. Stellen Sie dann den gelben Zeiger durch Drehen an der Zugstellschraube genau zwischen die Markierungen im Fenster.

Shimano Intego

Schaltbox entfernen
Zum Radausbau muss die Schaltbox ab. Schalten Sie in den 1. Gang und öffnen Sie die geriffelte Schraube (Pfeil). Dann lässt sich die Box leicht von der Achse ziehen.

Nabenschaltung regulieren
Feineinstellen der 3-Gangnabe geschieht über die Veränderung der Zugspannung an der Stellschraube. Im 2. Gang muss die gelbe Markierung mittig zwischen den Pfeilen im Display der Schaltbox stehen.

Schaltstift fetten
Drehen Sie den Schaltstift von Hand gegen den Uhrzeigersinn heraus. Drehen Sie ihn dünn gefettet nur handfest wieder ein. Setzen Sie dann die Schaltbox wieder auf die Achse.

NuVinci-Getriebe

Das stufenlos schaltbare NuVinci-Getriebe kommt in Fahrrädern, aber auch in elektrischen Leichtfahrzeugen oder Maschinen zum Einsatz. Wie jedes Nabengetriebe benötigt es nur wenig Wartungsaufwand.

Der Traum vom stufenlosen Schalten: Über schiefe Ebenen und Transmissionskugeln stellt die NuVinci-Nabe eine kontinuierlich veränderbare Übersetzung zur Verfügung.

Schaltbox abnehmen
Vor dem Ausbau des Hinterrads muss die Schaltbox entfernt werden. Dazu entlasten Sie die drei Zapfen, mit denen das Gehäuse auf die Trägerplatte geklipst ist.

Achsschrauben öffnen
Links sitzt eine 15er-, unter der Trägerplatte rechts eine 21er-Mutter. Lösen Sie die, bis sie gegen die Trägerplatte stößt. Nehmen Sie die Platte mit einem 11er-Schlüssel ab.

Mehr Infos zum Thema auf:
www.fallbrooktech.com

Schaltstift fetten
Nun liegt der Schaltstift frei: Drehen Sie ihn am geriffelten Ende nach links aus der Achsbohrung. Fetten Sie Stift und Gewinde, und drehen Sie ihn handfest wieder ein.

Trägerplatte montieren
Drehen Sie die 21er-Mutter bis zum Anschlag aufs Gewinde der Trägerplatte. Schrauben Sie Platte mitsamt 21er auf die Achse (Gegenhalten mit 16er-Schlüssel).

Achsmontage
Legen Sie die Kette auf, setzen Sie das Hinterrad ins Ausfallende und richten es aus. Ziehen Sie dann gleichzeitig die 21er-Mutter rechts und 15er links wieder fest.

Chainglider
Der schwimmend gelagerte Kettenschutz passt an Nabenschaltungs- oder Singlespeed-Antriebe. Kette, Blatt und Ritzel bleiben vollständig schmutzfrei.

Ritzel freilegen
Zur Demontage des Chaingliders entfernen Sie zuerst das Ritzel-Stück. Das U-förmige Teil ist mit je zwei Löchern in Zapfen des vorderen Gegenstücks eingehängt.

Klammer abnehmen
Die ineinander verschränkten Hälften werden vorn am Kettenblatt von einer Klammer zusammengehalten. Hebeln Sie diese als Nächstes aus.

Hälften zerteilen
Dann können Sie den Chainglider längs spalten. Um das Kettenblatt sind die Hälften geschlitzt und verschränkt, um das Kettenblatt komplett zu umgreifen.

Ausfallenden

Nabenschaltungen lassen sich mit verschiedenartigen Ausfallenden kombinieren. Doch manche Achsschlitze erfordern technische Speziallösungen.

Rohloff-Ausfallende
Das Spezial-Ausfallende des Nabenherstellers ist an je zwei Schrauben längs im Rahmen verschiebbar, um die Kettenspannung zu regulieren. Prüfen Sie diese Schrauben regelmäßig auf festen Sitz.

Senkrechte Ausfaller
Ist eine Nabenschaltung mit senkrechten Ausfallern kombiniert, muss ein Exzenter-Tretlager oder ein Kettenspanner verbaut werden. Ziehen Sie die Halteschraube eines Spanners regelmäßig nach.

Schräge Ausfallenden
In schrägen Schlitzen gleitet die Achse vor und zurück. So lässt sich die Kettenspannung einfach und genau justieren. Beachten Sie den korrekten Sitz der Stoppmuttern: Sie fangen das Drehmoment ab.

Exzenter-Tretlager

Aufwendig im Bau, aber eine stabile und elegante Art, die Kette zu spannen. Der Rahmen taugt auch für Kettenschaltung.

Exzenter mit Innenklemmung
Meist wird dazu ein aus zwei Schrägkonen bestehender Mechanismus verwendet. Lösen Sie eine Inbusschraube im Exzenter und richten ihn mitsamt dem Innenlager so aus, dass Spannung auf die Kette kommt.

Exzenter mit Außenklemmung
Öffnen Sie beide Klemmschrauben gleichmäßig. Der Schlitz in der Tretlagerhülse geht etwas auf, der Exzenter wird drehbar.

Drehen des Exzenters
Ist nur eine Bohrung vorhanden, stecken Sie das kurze Ende eines L-Inbus ins Loch und hebeln gegen das Achslager. So können Sie den Exzenter kraftvoll und gleichzeitig gefühlvoll ausrichten.

Exzenter fetten
Bauen Sie den Exzenter einmal im Jahr aus und fetten Sie alle Teile. Ohne Fett droht der Exzenter festzurosten. Zum problemlosen Ausbau stemmen Sie die geschlitzte Rahmenhülse etwas auf.

Kettenspannung
Richten Sie die Kettenspannung so ein, dass die Kette nicht durchhängt und sich weich und geräuschlos kurbeln lässt. Sie sollte nicht weiter als etwa einen Zentimeter von der Geraden einzudrücken sein.

Exzenter einstellen
Meist befinden sich zwei Bohrungen in der Exzenterhülse. Mit einer passenden Stiftzange gelingt das Einstellen am besten. Schließen Sie danach die Spannschrauben an der Rahmenhülse.

Die Bremsanlage

V-Brakes

Bissig, leicht, robuste Technik: Diese Vorteile machen V-Brakes zum viel verbauten Bremsentyp. Hier erklären wir Montage, Einstellung und Wartungsarbeiten, damit die Felgenstopper immer optimal zubeißen.

Montage

Bremssockel reinigen
Demontieren Sie die Bremskörper. Befreien Sie die Bremssockel an Gabel und Rahmen von Schmutz und altem Montagefett. Korrodierte Sockel entrosten Sie mit feinem Schleifleinen.

Bremssockel fetten
Fetten Sie beide Bremssockel, bevor Sie die Bremskörper montieren. Je weniger Widerstand im Drehpunkt herrscht, desto länger bleibt Ihre Bremse fein dosierbar und leichtgängig.

Federsitz beachten
Die Federkraft der Rückholfeder hängt davon ab, in welcher Bohrung ihr Stift platziert ist. Meist ist die mittlere Bohrung die passende. Bei schwacher Feder verwenden Sie die oberste Position.

Bremse einstellen

Beläge schräg stellen
Fixieren Sie Beläge einer V-Bremse immer etwas schräg zur Felge. So wird Quietschen reduziert. Klemmen Sie zur Montage je eine Cent-Münze unter das hintere Belagende.

Mit Einstellhilfe
Stellen Sie die Beläge per Zugspannungsschraube am Bremsgriff nah an die Felge. Lösen Sie die Belagschrauben, schieben den Tacx-Tuner darunter und fixieren die angeschrägten Beläge neu.

Der Tacx BrakeShoe Tuner wird zwischen zwei Speichen auf die Felge geklemmt. Dann dreht man das Laufrad mitsamt Tuner von hinten unter die Bremsbeläge. Bei geöffneter Halteschraube stellen die sich dank der schrägen Ebenen selbsttätig im idealen Winkel ein und brauchen nur noch festgezogen zu werden.

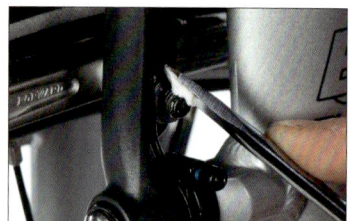

Belagschrauben fetten
Für leichteres Einstellen: Fetten Sie vorsichtig das Gewinde der Belagschrauben. Dadurch zieht die Schraube geschmeidiger, die Neigung zum Verrutschen der frisch eingestellten Beläge wird reduziert.

Parallelposition
Richten Sie die Bremsbeläge sowohl radial zum Felgenradius als auch in der Höhe der Bremsflanke aus. Der Belag soll mit seiner gesamten Fläche plan auf der Bremsflanke anliegen.

Bremse mittig stellen
Richten Sie beide Bremskörper in gleichem Abstand zur Felge aus. Drehen Sie dazu behutsam die seitliche Stellschraube, die den Anschlag der Rückholfeder reguliert. Oft genügt schon eine Viertelumdrehung.

Zügetausch

Nur mit minimaler Zugreibung arbeitet die V-Brake optimal. Zügetausch wirkt Wunder!

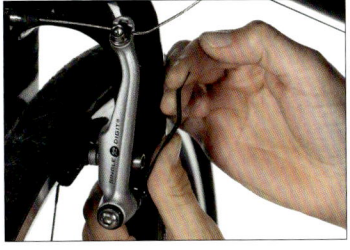

Feder aufbiegen
Ältere Rückholfedern verlieren an Spann-kraft. Nehmen Sie den Federarm aus seiner Abstützung und biegen Sie ihn mit Gefühl ein wenig auf. Die Bremse spricht dadurch deutlich besser an.

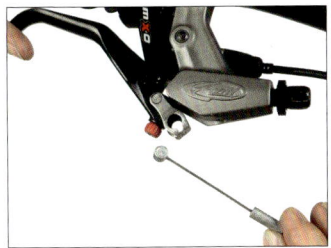

Zugzugang am Bremshebel
Haken Sie den Zugnippel in seine Pas-sung im Bremshebel. Führen Sie den Zug durch die Schlitze in Hebelkörper und Stellschraube, und setzen Sie die Zughülle in die Stellschraube.

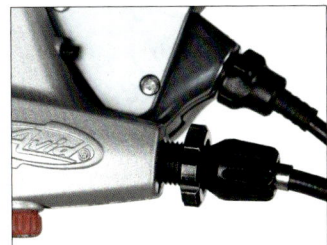

Zuglänge ermitteln
Drehen Sie die Zugstellschraube zu 2/3 heraus und montieren Sie den Zug bei anliegenden Bremsen. Regulieren Sie nun die Entfernung der Beläge zur Felge über die Zuglänge an der Stellschraube.

Belägetausch

Verschlissene Beläge müssen runter, bevor sie Felge oder Reifen schädigen. Bequem zu wechseln sind Cartridge-Beläge.

Der Bremsschuh kann montiert bleiben. Das erspart mühevolle Einstellarbeit. Ersatzbeläge gibt es in verschiedenen Varianten: rot für verbessertes Nassbremsverhalten oder grün für keramikbeschichtete Felgen. Tauschen Sie auch die Sicherungssplinte. Neue liegen den Ersatzbelägen bei.

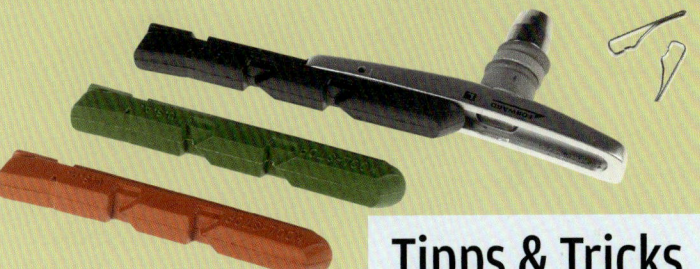

Belagsicherung entfernen
Um den alten Belag zu entfernen, müs-sen Sie den Sicherungssplint entfernen. Manche Beläge sind stattdessen mit Schräubchen gesichert.

Tipps & Tricks

→ Befreien Sie Bremsbeläge und Felgenflanke besonders nach Nässefahrten von Sand und Schmutz. Der Schmutzbelag wirkt wie Schmirgelpaste, die Felge ver-schleißt weit vor der Zeit.

→ Dieser Belag war zu tief montiert. Ein Vier-tel der Belagfläche blieb unbenutzt.
Achtung: Auch die Bremswirkung wird in einem solchen Fall geringer!

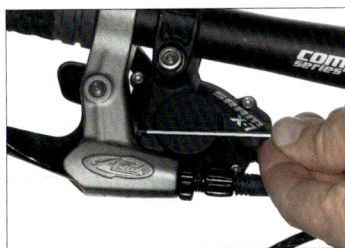

Hebelweite einstellen
Nur wenn der Bremshebel passend zur Hand eingestellt ist, lässt sich die Hand-kraft optimal umsetzen. An allen Brems-hebeln finden Sie die Stellschraube in direkter Umgebung des Hebelgelenks.

Bremsflanke entfetten
Waschen und entfetten Sie anschließend die Bremsflanke mit Entfetter oder Wasch-benzin. Dann finden die Beläge wieder optimalen Kontakt zur Felge. Zudem wird Bremsenquietschen reduziert.

Magura Hydraulikbremsen

Als Sorglos-Bremse schlechthin sind Maguras HS 11 und die etwas stärkere HS 33 bekannt und beliebt. Ihre Bremskraft und -wirkung sind unter Felgenbremsen unübertroffen. Nur die Erstmontage ist etwas fummelig. Doch außer gelegentlichem Belagwechsel bleiben sie danach komplett wartungsfrei.

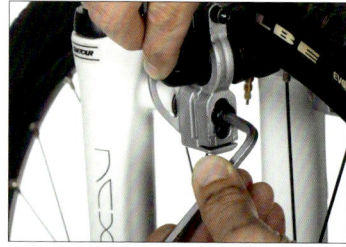

Bremse montieren
Setzen Sie zuerst die Evo-Brücke, die passende Beilagscheibe und den Bremskörper auf den Sockel rechts. Ziehen Sie die 5er-Inbusschraube noch nicht ganz fest.

Schnellspannverschluss justieren
Montieren Sie dann Brücke, Beilage und Bremskörper auch links. Drehen Sie die Knebelschraube nur so weit ein, dass sich der Hebel noch gut schließen lässt.

Bremskörper einrichten
Lockern Sie beide Schrauben der Bremszange, richten Sie den geriffelten Zylinder parallel zur Felge aus. Dann in der Höhe ausrichten und alle Schrauben festziehen.

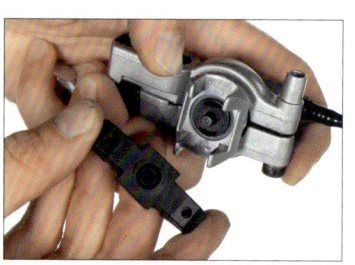

Beläge tauschen
Hebeln Sie den alten Belag von Hand ab. Die geschlitze Aufnahme der Belagrückseite rastet auf dem Zapfen am Kolben ein. Reinigen Sie die Kontaktflächen vorher mit einem Wattestäbchen.

Belag-Varianten
Schwarz und Grau sind Normalbeläge für unbeschichtetete und für keramikbeschichtete Felgen. Rot (für unbeschichtete) und Grün (für beschichtete Felgen) sind etwas bissiger, dafür nicht so langlebig.

Booster montieren
Achten Sie bei Montage und Rad-Einbau auf die korrekte Position des Bremskörpers in der Evo-Brücke. Der Zapfen der oberen Bremskörper-Schraube muss spannungsfrei im Loch der Brücke sitzen.

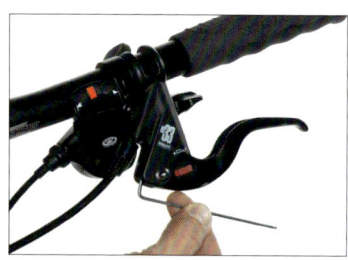

Hebelweite einstellen
Die Reichweite des Bremshebels justieren Sie mit einem 2 mm-Inbus an der Madenschraube oberhalb des Hebeldrehpunkts.

Beläge nachstellen
Die rote Rändelmutter stellt beide Beläge parallel mehr oder weniger nah zur Felge. Das kompensiert den Belagverschleiß.

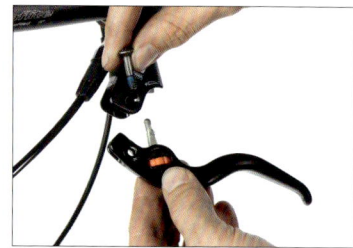

Hebel austauschen
Der serienmäßig verwendete 2-Finger-Bremshebel lässt sich durch Lösen einer einzigen Schraube auch gegen eine längere 4-Finger-Version tauschen.

Troubleshooting
Felgenbremsen
So kriegen Sie Ihre Felgenbremsen in den Griff. Tricks, wie sich Problembremsen zähmen lassen.

Was tun, wenn …
… die Bremse quietscht?

→ Ziehen Sie alle Befestigungsschrauben der Bremskörper an Rahmen und Gabel nach. Achten Sie darauf, dass Beilagscheiben zwischen den Bauteilen liegen.
→ Reinigen Sie die Belagflächen von fetthaltigem Schmutz, Spänen und Bremsabrieb.
→ Schmirgeln Sie die Bremsfläche des Belags ab.
→ Feilen Sie schräg abgebremste Bremsflächen der Beläge wieder plan.
→ Reinigen und entfetten Sie die Bremsflanken der Felgen.
→ Justieren Sie V-Brake-Beläge neu. Richten Sie die Beläge sorgfältig schräg zur Felge aus.
→ Richten Sie Magura-Beläge parallel zur Felge aus.
→ Brechen Sie die Kanten des Bremsbelags ringsum mit einer Feile.
→ Rauen Sie die Felgenflanke mit feinem Schmirgelleinen auf (240er-Körnung).
→ Polieren Sie die Bremsflanke mit Stahlwolle.
→ Montieren Sie eine zusätzliche Bremsbrücke oder Booster. Vibrationen lassen meist nach, wenn beide Bremskörper möglichst steif miteinander verbunden sind.
→ Kleben oder schrauben Sie Trimm-Gewichte an einen quietschenden Belag. Nur 1 bis 3 Gramm genügen oft, um unkontrollierbare Vibrationen zu unterdrücken. Für Magura-Beläge bietet Idworx passende Trimmgewichte zum Anschrauben.

… die Bremse rubbelt?

→ Kontrollieren Sie den Felgenstoß. Ist er ohne Versatz zusammengefügt? Geringe Niveau-Unterschiede lassen sich abschmirgeln.
→ Eventuell ein Fertigungsfehler des Felgenherstellers: Messen Sie die Felgendicke abwechselnd mehrfach auf Höhe eines Speichenlochs und auf halber Distanz zwischen zwei Speichen. Sind die Maße gleich? Bei mehr als 2/10 mm Unterschied sollten Sie eine neue Felge reklamieren und austauschen lassen.

→ Checken Sie die Felge auf Beschädigungen wie Dellen oder durchgebremste Flanken. Bei fortgeschrittenem Verschleiß wird Material unregelmäßig abgetragen. Ältere Felgen bleiben um die Speichenlöcher breit, werden dazwischen jedoch oft rapide dünner.

… die Bremse nicht mehr zieht?

→ Reinigen Sie die Bremsflächen an Belag und Felge sorgfältig, entfetten Sie die Felge mit Waschbenzin oder Bremsenreiniger.
→ Sind die Beläge ungleich abgefahren, tauschen Sie sie sofort. Stellen Sie anschließend die Bremse sauber neu ein.
→ Checken Sie die Bremshebel auf Leichtgängigkeit. Eventuell hilft ein Stoß Sprühöl im Hebeldrehpunkt.
→ Kontrollieren Sie die Züge: Laufen sie noch leicht in ihren Hüllen? Träufeln Sie tropfenweise Öl in die Hüllen, verteilen Sie es, indem Sie den ausgehängten Bowdenzug in der Hülle hin und her schieben.
→ Tauschen Sie Zug und Hülle. Verwenden Sie beschichtete Züge bzw. innenbeschichtete Zughüllen.
→ Verwenden Sie flexible Spiralröhrchen statt der starren Umlenkröhrchen zwischen Hülle und V-Brake-Bremskörper. Die passen sich dem Radius besser an.

→ Kontrollieren Sie die gesamte Zugverlegung am Rahmen auf Knicke, ungünstig enge Radien oder Beschädigungen. Tauschen Sie beschädigte Zughüllen, optimieren Sie die Verlegung.
→ Kontrollieren Sie die Bremskörper auf leichte Drehbarkeit. Reinigen, entrosten und fetten Sie die Bremssockel an V-Brakes.
→ Hakelt der Bremszug am Scheinwerfer oder irgendwo an beweglichen Teilen (Lenker, Federung, gefederte Sattelstütze)? Ist das der Fall, kann ein Bremszug etwa beim Einlenken unter bestimmten Umständen unbeabsichtigt gespannt oder sogar die Bremse blockiert werden.

… die Bremse ungleich zieht?

→ Machen Sie die Bremskörper auf dem Bremssockel leichtgängig: Demontieren, Säubern, Entrosten, Fetten hilft.
→ Stellen Sie die Federspannung via Stellschraube an beiden Bremskörpern gleich ein.
→ Wechseln Sie ungleich abgefahrene Beläge aus.
→ Achten Sie darauf, dass alle Bremszug-Hüllen satt in den Rahmenanschlägen sitzen und auf störungsfreie Zugführung am Rahmen bzw. Zugklemmung an den Bremskörpern.

Scheibenbremsen

Seilzug-Disc

Sie sind günstig in der Anschaffung, ihre Bremskraft ist fast so hoch wie bei hydraulischen Discs. Doch die Züge bleiben anfällig für Schmutz und Nässe.

Zuglänge justieren
Schieben Sie den Hebel der Bremsspindel bei geöffneter Zugschraube von Hand etwas aus seinem Weg zurück. Fixieren Sie den Zug so, dass ein relativ kurzer Seilweg ein knackiges Ansprechen produziert.

Beläge entnehmen
Nach Entfernen der Splintsicherung entnehmen Sie beide Beläge zusammen mit deren Spannfeder. Tauschen Sie mit den Belägen auch die Spannfeder. Neue Federn liegen den Ersatzbelägen bei.

Splintsicherung anbringen
Nach dem Einsetzen neuer Beläge und Spannfeder schieben Sie den neuen Splint durch die Bohrungen an Bremskörper und Belägen. Sichern Sie ihn, indem Sie das Splintende aufbiegen.

Hydraulische Scheibenbremse

An Effizienz ist sie nicht zu übertreffen: Die moderne Discbrake ist kraftvoll, fein dosierbar und witterungsunabhängig. Doch sie muss sehr genau eingestellt und regelmäßig gewartet werden.

Müheloses Bremsen mit nur einem Finger ist angesagt. Denn die Handkraft wird durch einen angepassten Kolbenquerschnitt vervielfacht. Shimano und Magura setzen auf problemloses Mineralöl als Bremsmedium, Avid, Formula und andere auf synthetische DOT-Flüssigkeit. Die ist hygroskopisch, zieht also Wasser an und nimmt es auf. Deshalb muss sie einmal jährlich gewechselt werden. DOT kann zudem Lack oder Haut angreifen. Beide Flüssigkeiten halten den hohen Betriebstemperaturen von Discbrakes stand und haben einen hohen Siedepunkt. Sie dürfen nur nie miteinander gemischt oder verwechselt werden!

Adapter montieren
Schrauben Sie zuerst den erforderlichen Bremsadapter an die Aufnahme von Rahmen oder Gabel. Dessen Oberseite ist markiert. Drehmoment: 6-8 Nm.

Bremskörper montieren
Setzen Sie den Bremskörper, noch verschiebbar zum späteren Ausrichten, an die Aufnahme. Die Originalschrauben sind mit blauem Schraubenkleber behandelt. Fetten Sie also diese Gewinde nicht.

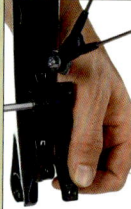

Aufnahmen planfräsen
Liegt dicker Lack auf der Montagefläche oder sind die Flächen nicht absolut planparallel, muss die Rahmenaufnahme mit einem Spezialfräser bearbeitet werden.

Extra-langer Inbusschlüssel
Bei Bremsmontage und -ausrichtung tun Sie sich leichter, wenn Sie einen langen Spezialinbus benutzen. Dessen T-Griff lässt sich am Laufrad vorbei gut drehen.

Lichtspalt anvisieren
Richten Sie den Bremskörper in den Lang-
löchern so aus, dass zwischen Belägen und
Scheibe ein paralleler Lichtspalt sichtbar
ist. Ist der Boden zu dunkel, halten Sie ein
Blatt weißes Papier darunter.

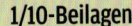

IS 2000-Standard
Die seitliche Direktmontage an der Disc-
aufnahme heißt »IS 2000«. Um die Bremskörper in die richtige Ebene zur Scheibe zu
bringen, müssen Sie sie an jeder Schraube
mit 1/10-Scheibchen ausrichten.

1/10-Beilagen
Nur den zehnten Teil eines Millime-
ters dick sind diese Scheibchen zum
Ausrichten von Bremskörpern. Die mit
Y-Form sind auch bei gelöster Schraube
anzubringen.

Bremsbeläge wechseln

Abhängig von Fahrstil, Witterung und Grad der Verschmutzung müssen die Beläge spätestens dann getauscht
werden, wenn ihre Dicke unter 0,5 mm liegt. Auch bei penetrantem Quietschen kann ein Belagtausch helfen.

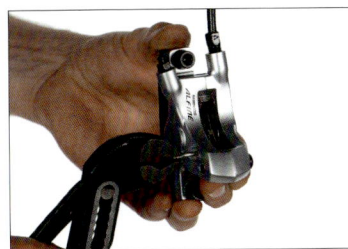

Belagsicherung entnehmen
Shimano verwendet als Ausfallsicherung
einen Splint, andere Hersteller Schraub-
stifte. Diese Sicherung sollten Sie mit den
Belägen tauschen. Jedem Ersatzbelag
liegen neue Sicherungen bei.

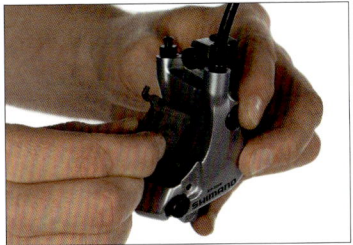

Beläge herausnehmen
Helfen Sie auf der Gegenseite mit dem Finger oder einem Werkzeug nach, um Beläge
und deren Spannfeder ohne Verkanten aus
dem Bremskörper zu holen.

Spannfeder entnehmen
Diese Feder sorgt für das Öffnen der Beläge, wenn der Bremsgriff losgelassen wird.
Sie liegt zwischen den Belägen und wird
mit ihnen zusammen entnommen und ein-
gebaut. Beachten Sie ihre genaue Lage.

Bremskörper säubern
Wischen Sie mit einem Wattestäbchen alle
Ablagerungen und Schmutzpartikel aus
dem Innern des Bremskörpers. Die Kolben
können verkanten, wenn Schmutz auf ihre
Laufflächen gerät.

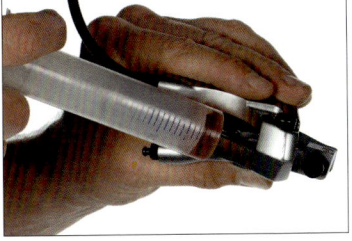

Kolben gängig machen
Falls die Kolben ungleich zurückstellen:
Benetzen Sie nach einer Trockenreinigung
die Kolbenränder mit etwas Bremsflüssigkeit, DOT oder Öl. Das schmiert den Kolben
und macht ihn wieder beweglich.

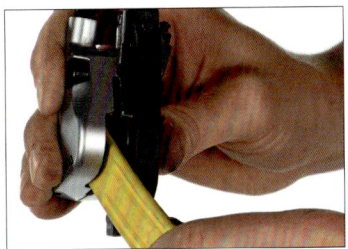

Kolben zurückstellen
Verwenden Sie ein flächiges, weiches
Werkzeug wie den Reifenheber, um die
leeren Kolben in ihre Nullstellung zu
drücken. Sie dürfen nicht verkanten, ihre
Dichtungen nicht beschädigt werden.

BREMSANKER

Hydraulische Scheibenbremsen überzeugen auch immer mehr Trekkingbiker. Wie die Bremskraft zur Scheibe kommt, haben wir uns einmal von innen angesehen.

»Zing!« macht die Bremsscheibe. So kommentiert sie den plötzlichen, kurzen Zug am Bremshebel. Das eben noch rotierende Laufrad steht abrupt still, die Scheibe vibriert noch etwas, der Ton verklingt. Nur eine Scheibenbremse packt so brachial zu, dass sich die Bewegungsenergie des Laufrads einige Millisekunden lang akustisch wahrnehmbar abbaut. Ihre überlegene Bremswirkung und feine Dosierbarkeit machen die Hydraulik-Scheibenbremse zu einer Delikatesse der Fahrradtechnik.

Lange waren Fahrradbremsen nur Behelfslösungen. Man denke an die windigen Seitenzug-Felgenkneifer auf Stahlfelgen, die noch Anfang der 1980er-Jahre für Alltagsräder üblich waren. Als ihr Nachfolger erzielte die Cantilever-Bremse auf Alu-Bremsflanken bessere Bremswirkung. Doch auch sie war noch nicht optimal für dynamische Fahrmanöver. Durch Verlängerung der Hebelverhältnisse entstanden die stärkeren V-Brakes. Doch die Systemnachteile blieben: zu wenig Bremsreibung bei Nässe, zu viel Reibung am Bowdenzug. Erst der Bauartwechsel zur Scheibenbremse mit hydraulischer Ansteuerung brachte grundsätzliche Verbesserung. Genial ist das Prinzip der Hydraulik: Wenn eine Flüssigkeitssäule keine andere Ausweichmöglichkeit hat, reicht sie einen aufgebrachten Druck vom einen zum anderen Ende verlustfrei durch. Die Übersetzungsverhältnisse zwischen Input am Hebel und Output am Bremskolben lassen sich durch Anpassung der Kolbenquerschnittsfläche einfach regulieren. Die Anwendung dieser Technik am Fahrrad ist noch relativ jung: 1989 begann der tschechische Motocross- und Autorennfahrer Bob Sticha, eine mechanische Scheibenbremse fürs Mountainbike zu entwickeln. Zwei Jahre später jagte er damit die Olympia-Bobbahn in St. Moritz hinunter. Da er das Abenteuer unversehrt überstand, erlangte auch seine Discbrake gebührende Medien-Aufmerksamkeit.

Danach waren die Entwickler bei den Fahrradherstellern gefordert: Bremsscheibe und -zange benötigten eine hochfeste Verbindung mit Laufrad und Rahmen. Heute existieren verbindliche Standards und zuverlässige Befestigungsmöglichkeiten. Auch Alltags- und Reiseradler profitieren zunehmend von der inzwischen ausgereiften Bremstechnik. Beide Komponenten-Riesen Shimano und SRAM führen neben giftigen MTB-Discs auch moderat abgestimmte Scheibenbremsen für Freizeitfahrer im Programm.

Technisch betrachtet wird die fest mit dem Laufrad verbundene Stahlscheibe von zwei ebenso fest mit dem Rahmen verbundenen Bremskolben in die Zange genommen. Die Beläge bestehen aus organischen Mischungen (unter hohem Druck verpresste Gummi-, Ruß- und Metallpartikel) oder gesintertem Metall (pulverförmige Metallpartikel, die unter hoher Temperatur und Druck gebacken werden). Eine der wichtigsten Eigenschaften der Scheibenbremse ist ihre Witterungs-Unempfindlichkeit. Nässe beeindruckt sie kaum, ein Wasserfilm ist im Nu abgebremst. In jeder Situation steht Verzögerungspotenzial im Übermaß bereit. Die Geschwindigkeit lässt sich spielend mit einem Finger regeln, zum abrupten Stopp genügen zwei Finger am Hebel. Wer regelmäßige Wartung und penible Einstellung nicht scheut, wird jederzeit sicher zum Stehen kommen. Auch wenn der Volksmund meint: Wer bremst, verliert. Hier gilt: Wer besser bremst, bleibt länger schnell!

FINGERSCHMEICHLER
Der Knick ist auf Ein- bis Zwei-Finger-Bedienung ausgerichtet. Das Hebelprofil schmiegt sich ans Fingergelenk.

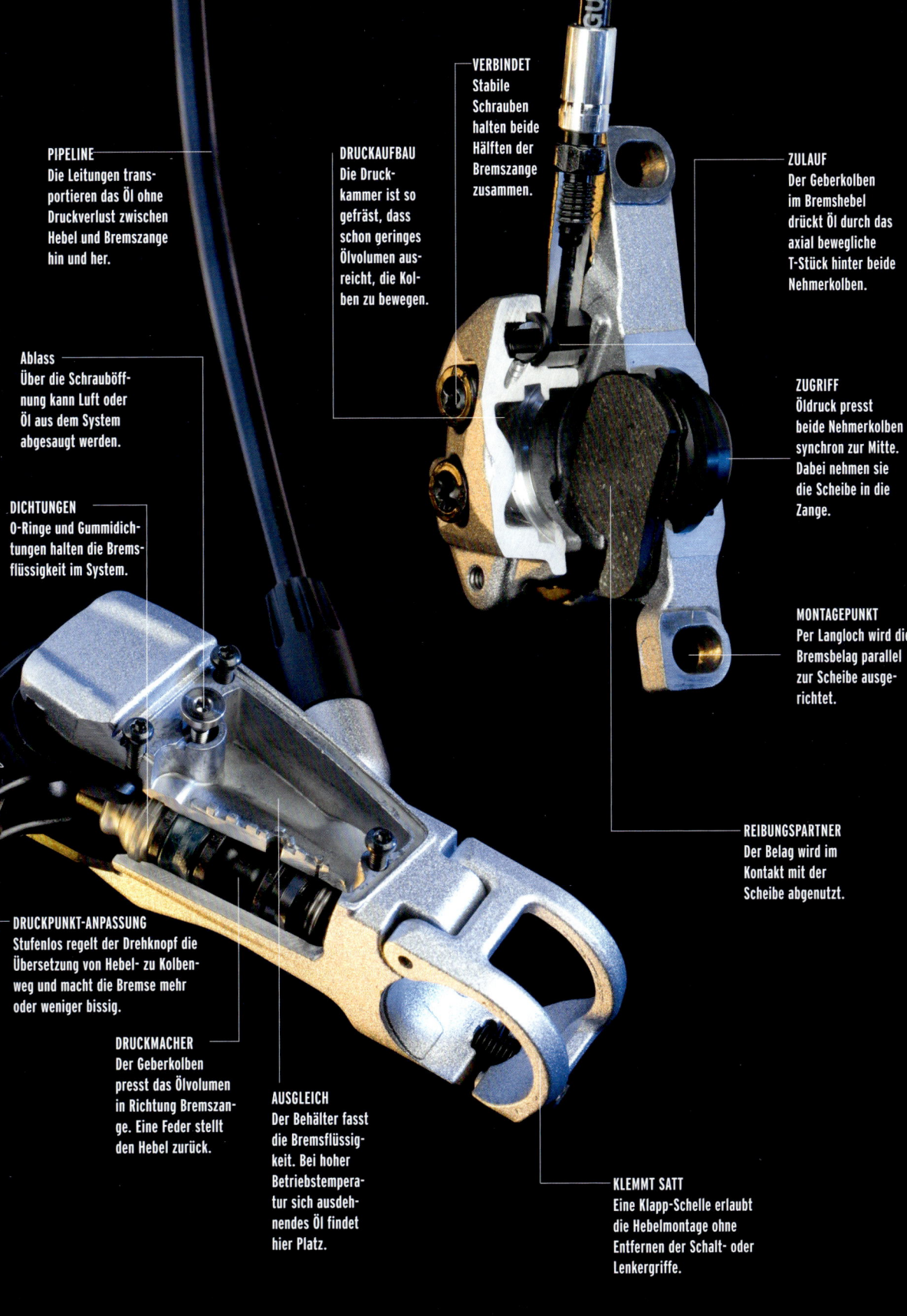

PIPELINE
Die Leitungen transportieren das Öl ohne Druckverlust zwischen Hebel und Bremszange hin und her.

DRUCKAUFBAU
Die Druckkammer ist so gefräst, dass schon geringes Ölvolumen ausreicht, die Kolben zu bewegen.

VERBINDET
Stabile Schrauben halten beide Hälften der Bremszange zusammen.

ZULAUF
Der Geberkolben im Bremshebel drückt Öl durch das axial bewegliche T-Stück hinter beide Nehmerkolben.

Ablass
Über die Schrauböffnung kann Luft oder Öl aus dem System abgesaugt werden.

ZUGRIFF
Öldruck presst beide Nehmerkolben synchron zur Mitte. Dabei nehmen sie die Scheibe in die Zange.

DICHTUNGEN
O-Ringe und Gummidichtungen halten die Bremsflüssigkeit im System.

MONTAGEPUNKT
Per Langloch wird die Bremsbelag parallel zur Scheibe ausgerichtet.

DRUCKPUNKT-ANPASSUNG
Stufenlos regelt der Drehknopf die Übersetzung von Hebel- zu Kolbenweg und macht die Bremse mehr oder weniger bissig.

REIBUNGSPARTNER
Der Belag wird im Kontakt mit der Scheibe abgenutzt.

DRUCKMACHER
Der Geberkolben presst das Ölvolumen in Richtung Bremszange. Eine Feder stellt den Hebel zurück.

AUSGLEICH
Der Behälter fasst die Bremsflüssigkeit. Bei hoher Betriebstemperatur sich ausdehnendes Öl findet hier Platz.

KLEMMT SATT
Eine Klapp-Schelle erlaubt die Hebelmontage ohne Entfernen der Schalt- oder Lenkergriffe.

Disc-Montage

Die Bremsscheibe muss, als sicherheitsrelevantes Bauteil, besonders sicher mit dem Laufrad verbunden sein. Auch auf Verschleiß müssen Sie achten: Behalten Sie die Materialstärke im Auge.

Disc ausrichten
Bei erkennbarem Schlag lässt sich die Unebenheit mit einem Richtwerkzeug wie der Tuning Fork beseitigen (www.trickstuff.de).

Mit Centerlock-System
Hier verwenden Sie dieselbe Nuss wie zur Ritzelpaket-Montage. Stecken Sie die vielzahnige Scheibenaufnahme dünn gefettet auf die Nabe und ziehen Sie die Befestigungsschraube mit 40 Nm fest.

Mit Einzelschrauben
Meist werden Torx-Schrauben verwendet, die hohe Drehmomente stabil übertragen. Ziehen Sie die sechs Schrauben gleichmäßig und über Kreuz fest. Verspannte Discs verziehen sich und können quietschen.

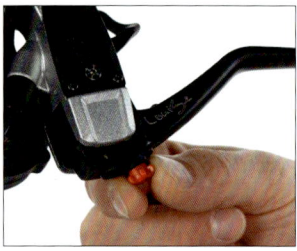

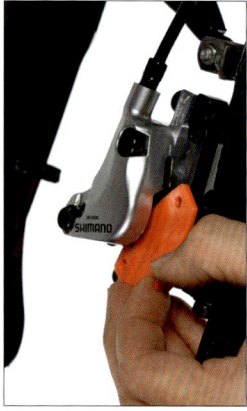

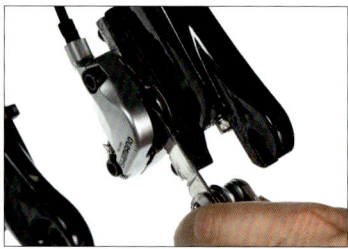

Druckpunkt einstellen
An einigen Bremshebeln kann der Druckpunkt der Bremse verstellt werden. Das Verhältnis Hebelweg-Kolbenweg verändert sich. Die Bremse wird mehr oder weniger bissig.

Transportsicherung
Wird das Bike ohne Laufrad transportiert, stecken Sie passende Transportsicherungen zwischen die Beläge. Unbeabsichtigtes Betätigen der Bremshebel drückt sonst die Beläge zusammen.

Beläge aufdrücken
Leer zusammengedrückte Bremsbeläge können Sie mit einer Messerklinge wieder vorsichtig auseinanderdrücken. Vorsicht: Verkanten beschädigt die weichen Beläge!

Tipp: Discbrake einfahren

→ Fahren Sie eine neue Scheibenbrems-Anlage, frische Beläge oder Bremsscheiben nach Hersteller-Handbuch ein. Erst nach korrekt durchgeführter Prozedur ist die Bremse betriebssicher.

→ Bremsen Sie dreißig Mal aus ca. 30 km/h bis zum Stillstand ab und beschleunigen Sie sofort wieder. Dadurch wird die gesamte Bremsanlage auf Temperatur gebracht und »durchgeglüht«. Dabei passen sich die Oberflächen von Belag und Disc erstmals einander an, die nötige Reibungspartnerschaft wird aufeinander abgestimmt.

→ Achtung: Ohne korrektes Einfahren kann die Belagoberfläche »verglasen«, d. h. sie wird hart, spröde und nimmt eine glatte Oberflächenstruktur an. Damit bringt der Belag nicht mehr genügend Bremsreibung auf.

Je größer der Durchmesser, desto potenter die Bremse: Discs gibt es meist in den Maßen 160, 180 und 203 mm.

Troubleshooting
Scheibenbremsen

Gehen Sie bei Bremsproblemen systematisch vor: Was tritt wann und wie in welchem Rahmen auf? Fruchtet ein Trick nichts, wenden Sie den nächsten an. So kommen Sie Störungen am besten auf die Spur.

Was tun, wenn ...
... die Bremse quietscht?

Nerviges Quietschen ist das komplexeste Problem bei Scheibenbremsen. Solche Geräusche entstehen immer durch die Vibration eines Bauteils in der Eigenfrequenz eines anderen. Die Schwingungen treffen auf einen Resonanzboden und machen sich, so verstärkt, unangenehm bemerkbar. Also muss jede Möglichkeit der Vibration beseitigt werden.

→ Stellen Sie sicher, dass jedes Laufrad sauber in seiner Achsaufnahme sitzt und die Achse ausreichend fest montiert ist.

→ Ziehen Sie alle Befestigungsschrauben der Bremskörper und -scheiben mit den erforderlichen Drehmomenten fest. Legen Sie Beilagscheiben unter den Kopf der Befestigungsschrauben am Rahmen. Unterschiedlich stark angezogene Schrauben können Spannungen im Bauteil erzeugen, die Quietschen verursachen.

→ Richten Sie Bremskörper und -beläge noch einmal komplett neu aus.

→ Entfetten Sie Scheibe und Beläge gründlich. Sprühen Sie Bremsenreiniger über einer Wanne reichlich auf, lassen Sie den Reiniger mitsamt den Schmutzpartikeln abtropfen. Dann abtrocknen.

→ Sind die Beläge verglast? Durch ungenügendes Einfahren oder Fahren mit schleifender Bremse werden die Belagoberflächen nicht ausreichend heiß und »verglasen«, anstatt abgerieben zu werden. Bauen Sie die Beläge aus und schmirgeln Sie die Belagoberfläche an.

→ Auch die Kanten der Beläge können für ungleichen Anpressdruck und damit Vibrationsentstehung verantwortlich sein. Brechen Sie die Kanten ringsum mit einer Feile. In Einzelfällen hat das geholfen.

→ Bestreichen Sie die Rückseite der Belagplatte, wo sie am Bremskolben anliegt, mit etwas Kupferpaste. Das zähe, weiche Kupfer dämpft Schwingungen. Vorsicht: Nichts davon darf die Bremsfläche berühren!

→ Tauschen Sie die Bremsbeläge aus. Wechseln Sie versuchshalber zu Belägen aus anderem Material: Gesinterte, metallische und Kunstharz-Beläge sind auf dem Markt. Die einen sind auf maximale Bremsleistung, die anderen auf minimalen Verschleiß optimiert.

→ Gegen Qietschen bei

Nässe ist definitiv kein Kraut gewachsen. Selbst Hersteller Magura empfiehlt: trocknen lassen. Und hoffen, dass eines Tages eine vollkommen quietschfreie Belagmischung gefunden wird.

... die Bremse nicht zieht?

→ Reinigen Sie Bremsscheibe und Beläge mit Bremsenreiniger. Verölte Beläge müssen sofort gewechselt werden. Sie sind nicht mehr sauber zu bekommen. Finden Sie heraus, wie Öl auf den Belag gelangen konnte, und stellen Sie die Ursache ab.

→ Schmirgeln Sie die Belagoberfläche an. Durch mangelhaftes Einfahren könnte die Belagoberfläche verglast sein, die Bremsreibung ist reduziert.

→ Entfernen Sie Rost und jede andere feste Ablagerung mit Stahlwolle von der Bremsscheibe.

→ Rauen Sie die (zuvor entfetteten) Bremsscheiben mit sehr feinem Schmirgelleinen (240er-Körnung) an.

Scheibenbremse entlüften

Luft im System, nachlassende Bremswirkung oder turnusgemäßer Bremsflüssigkeits-Wechsel: Ab und zu muss eine Scheibenbremse neu befüllt werden. Mit den richtigen Hilfsmitteln und einer ruhigen Hand ist das nicht schwer. Dazu muss Ihr Bike in den Montageständer. Bauen Sie die Laufräder und sicherheitshalber auch die Bremsbeläge aus. Sie dürfen nicht in Kontakt mit der Bremsflüssigkeit kommen.

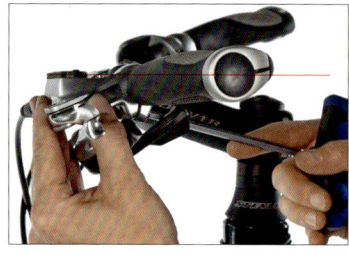

Rad vorbereiten
Hängen Sie das Bike in den Montageständer, entfernen Sie Laufrad und Bremsbeläge. Richten Sie die Bremsgriffe so aus, dass die Oberkanten der Ausgleichsbehälter genau waagerecht stehen.

Befüllspritze ansetzen
Öffnen Sie Verschlussschraube oder Ventil (Shimano-Bremsen, 1/8 Umdrehung) an der Bremszange und setzen Sie den Schlauch der gefüllten Spritze auf.

Ausgleichsbehälter öffnen
Bei Bremsgriffen, die keine Befüllschraube haben, öffnen Sie nun den Deckel des Ausgleichsbehälters am Bremsgriff. Die Bremsflüssigkeit darf nicht herauslaufen.

Das »Bleeding-Set« von Magura. Damit lassen sich auch Shimano-Bremsen befüllen. Auch andere Bremsenhersteller bieten spezifische Nachfüll-Lösungen für ihre Discbrakes.

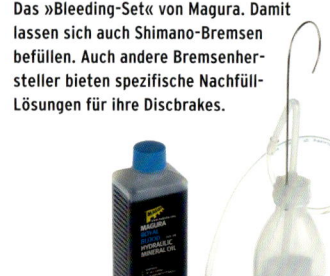

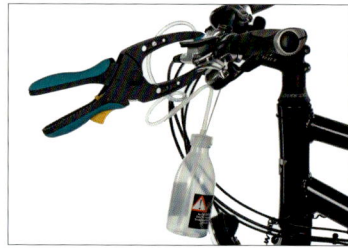

Kolben sichern
Entnehmen Sie die Bremsbeläge, damit keine Flüssigkeit dran kommt. Das würde sie ruinieren. Setzen Sie die mitgelieferten Abstandhalter zwischen die leeren Kolben.

Auffangvorrichtung ansetzen
Klemmen Sie dann die Absaugzange so an, dass sie den offenen Ausgleichsbehälter zuverlässig abdichtet. Hängen Sie Schlauch und Auffangflasche an den Lenker.

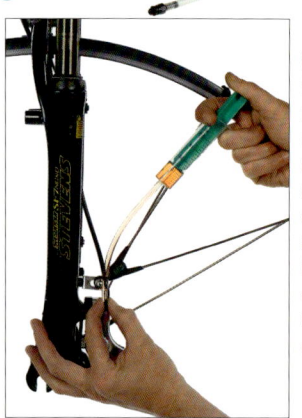

Öl nachfüllen
Stellen Sie noch einmal sicher, dass der Schlauchanschluss dicht ist und, an Shimano-Bremsen, dass das Befüllventil eine achtel Umdrehung offen ist. Drücken Sie nun den gesamten Spritzeninhalt von unten nach oben durchs System.

Spritze abnehmen
Der Flüssigkeits-Überlauf wird am Griff von Klemmzange und Flasche aufgenommen. Schließen Sie das Ventil mit einer achtel Umdrehung, bzw. schrauben Sie das Schlauchgewinde aus und die Verschlussschraube wieder ein. Wischen Sie eventuelle Öltropfen ab.

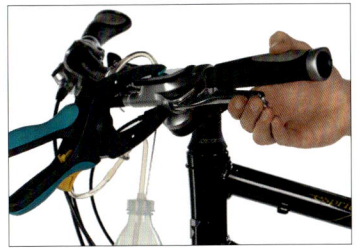

Gut durchpumpen
Bewegen Sie während des Befüllens den Bremshebel ganz langsam bis zum Anschlag und zurück. Klopfen Sie mit einem Werkzeug am Übergang Bremszange/Bremsleitung sowie an die Kurven der Leitung, um darin haftende Luftnester zu lösen. Im austretenden Öl dürfen keine Luftbläschen mehr zu sehen sein.

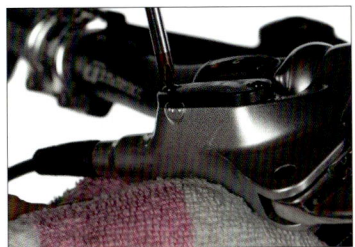

System schließen
Setzen Sie den Deckel und die innere Gummimembran vorsichtig auf. Halten Sie einen Lappen darunter, um überschwappende Flüssigkeit aufzufangen. Verschrauben Sie den Deckel wieder.

Tipps & Tricks

→ **Mischen Sie nie DOT und Mineralöl!** Dichtungen von ölbetriebenen Bremsen werden von DOT angegriffen und zerstört.

→ **Wechseln Sie DOT-Flüssigkeit einmal im Jahr.** DOT zieht Wasser an und lagert es ein. Dabei können bei hoher Betriebstemperatur Dampfblasen entstehen, der Bremsdruck fällt schlagartig ab.

→ **Lassen Sie heißgefahrene Bremsscheiben langsam abkühlen.** Durch Bespritzen mit Wasser kann sich die Scheibe verziehen. Fassen Sie sie nicht an.

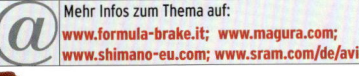
Mehr Infos zum Thema auf: www.formula-brake.it; www.magura.com; www.shimano-eu.com; www.sram.com/de/avid

Befüll-Schraube
Hier entfällt das Öffnen des Griffbehälters. Entfernen Sie nur die einzelne sog. »Bleeding-Schraube« am Griff und schrauben Sie stattdessen eine Absaugspritze ein. Die Befüll-Spritze wird ebenfalls unten an der Bremszange angesetzt.

System spülen
Verwenden Sie zwei Spritzen an diesen Systemen. Das hat den Vorteil, dass Sie das Flüssigkeitsvolumen mehrfach hin und her spülen können, um Luftnester aus der Leitung zu lösen.

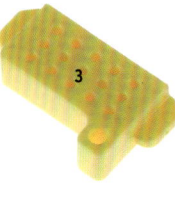
Halten die Bremskolben auseinander: Abstandshalter von Avid (1), Magura (2), Shimano (3).

Rollenbremse
Als moderne Form der Trommelbremse gilt die Rollenbremse. Ihre Mechanik funktioniert ähnlich, doch reibungsärmer und mit besserer Kühlung.

Zug trennen
Der Bremszug lässt sich nach Hochdrücken der Hebelmechanik aus dem Langloch nehmen. Nun können Sie das Vorderrad wie gewohnt ausbauen.

Zuglänge justieren
Über die Zug-Einstellmutter regulieren Sie das Ansprechverhalten der Bremse. Vor dem Radausbau muss die Bremsmomentstütze vom Rahmen gelöst werden.

Bremsmechanik fetten
Pressen Sie, je nach Gebrauch etwa einmal jährlich, etwas Montagefett in die markierte Bohrung. Das schmiert die innen liegende Hebelmechanik und beugt Rost vor.

Das Laufrad

Die fragilen Gebilde aus Felge, Nabe und Speichen sind großem Stress ausgesetzt. Ruppige Fahrbahnen, ständig wechselnder Untergrund, hohe Bremskräfte, Schmutz und Nässe setzen dem Laufrad zu. Deshalb sind regelmäßige Wartung und ein genauer Check pro Jahr wichtig für ein langes Laufrad-Leben.

Schnellspann-Achsen

Schnellspanner anlegen
Der korrekte Sitz des Schnellspanners vorn ist vor der Gabel. Der Hebel wird bis zum Anschlag zugedrückt und liegt nicht an. So können Sie ihn auch leicht wieder öffnen.

An der Hinterachse
Auch hier soll der Hebel in geschlossenem Zustand nirgends berühren. Ist linksseitig dafür kein Platz, können Sie den Verschluss auch zur rechten Radseite verlegen.

Spannung herstellen
Stellen Sie die Mutter rechts so, dass der Hebel ab der Hälfte seines Weges beginnt, Kraft aufzunehmen. Er soll straff sitzen, aber noch gut von Hand zu öffnen sein.

Ausfallsicherung an der Gabel
Um die Sicherungsnasen an den vorderen Ausfallenden zu überwinden, müssen Sie beim Radausbau die Achsmutter wesentlich weiter aufdrehen als am Hinterrad.

Bevor Sie das Laufrad ausbauen:

→ **Felgenbremsen: Hängen Sie V-Brakes aus, bauen Sie Magura Felgenbremsen einseitig ab.**

→ **Rollen- oder Trommelbremsen: Hängen Sie Bremszug und Drehmomentstütze aus.**

→ **Ziehen Sie den Stecker vom Nabendynamo.**

→ **Öffnen Sie die Ritzelabdeckung eines Chaingliders.**

→ **Enfernen Sie Drehmomentstützen von Schalt- oder Rücktrittnaben vom Rahmen.**

→ **Schalten Sie Nabenschaltungen in den kleinsten Gang. Trennen Sie den Schaltzug von der Nabe.**

→ **Schalten Sie Kettenschaltungen aufs kleinste Ritzel.**

Diebstahlschutz
Speziell geformte Achsverschlüsse, die ohne passenden Schlüssel nicht zu öffnen sind, sichern Ihre Laufräder vor Dieben (Inbusset-Achsen von www.xlc-parts.com).

Schnellspanner umdrehen
Lassen Ständer, Ausfallende oder Scheibenbremse am linken Ausfallende keinen Platz, verlegen Sie den Schnellspannverschluss einfach zur rechten Seite.

Schnellspanner prüfen
Sehen Sie sich die Widerlager des Exzenters genau an. Oft sind diese aus Kunststoff. Der verschleißt schnell oder bricht, die Achse sitzt nicht mehr ausreichend fest.

Schraubachsen

Nabenschaltungen erfordern eine spezielle Achsaufnahme. Schraubachsen fixieren die Achse sicher und widerstehen dem Nabendrehmoment.

Stoppmuttern ausrichten
Alle Schaltnaben-Achsen tendieren dazu, sich mit der Nabe zu drehen. Das verhindert die Stoppmutter, deren Zapfen in die Ausfaller-Schlitze greift. Achten Sie bei jedem Radeinbau auf deren korrekten Sitz.

Schraubachse zentrieren
Ziehen Sie die Achsschrauben zuerst nur handfest. Umfassen Sie mit der anderen Hand Felge und Schutzblech und richten Sie die Achse so gleichmäßig aus.

Achsmuttern parallel verschrauben
Ziehen Sie zum Schluss beide Achsmuttern gleichzeitig und gleichmäßig fest. Bei verschieden festen Achsmuttern könnten Kette oder Bremse das Laufrad schräg ziehen.

Industrielager

Viele Laufrad-Hersteller verwenden genormte, verkapselte Industrielager an den Achsen. Diese sind bei Verschleiß leicht selbst zu ersetzen.

Lagerspiel justieren
Halten Sie die linke Achsseite mit einem 5er-Inbus und drehen Sie den Lagerdeckel mit dem beiliegenden Lagerschlüssel. Im Uhrzeigersinn verringert er das Lagerspiel.

Achse ausbauen
Drehen Sie das Laufrad um, halten Sie den Lagerdeckel gegen und schrauben Sie mit dem 5er-Inbus die Achse auf. Sie und der Deckel lassen sich nun abnehmen.

Lager aussschlagen
Mit einem Körner und sachten Hammerschlägen von der linken Seite her können Sie nun vorsichtig das rechte Lager herausklopfen.

Lagersitz fetten
Säubern Sie den Lagersitz sorgfältig. Bestreichen Sie Sitz und (neues) Lager dünn mit Fett.

Lager einschlagen
Legen Sie das Industrielager plan in die Aufnahme. Setzen Sie den Körner ringsum auf die Lagerhülle auf und klopfen Sie das Lager mit dem Hammer sacht in seinen Sitz.

Industrielager sind genormt und überall auf der Welt im Fachhandel zu erhalten.

Konuslager

Shimano-Naben rotieren auf Konuslagern. Diese sind robust und wenig empfindlich gegen Seitenkräfte. Doch sie brauchen regelmäßige Schmierung.

Staubkappe entfernen
Um an die Achsverschraubung zu kommen, müssen Sie die Gummikappe von einer Achsseite nehmen.

Konterschrauben öffnen
Mit zwei flachen Konusschlüsseln öffnen Sie die Kontermuttern. Danach können Sie den Lagerkonus abschrauben und die Achse entnehmen. Die Kugellaufbahn wird offen sichtbar.

Kugeln herausnehmen
Wenn die Kugellaufbahn offenliegt, nehmen Sie die einzelnen Kugeln vorsichtig heraus. Reinigen Sie sie und die Lagerbahn sorgfältig. Pro Lager werden nur neun Kugeln verwendet. Eine Leerstelle bleibt.

Neu fetten
Geben Sie reichlich Lagerfett in die Laufbahn. Drücken Sie die Kugeln vorsichtig ins Fettbett. Schieben Sie die Achse von der Gegenseite her ins Lager, um ein Herausfallen der Kugeln zu vermeiden.

Defekte Laufbahn
Meist hört man es: Eingelaufene Kugelrillen oder Material-Abplatzer in der Laufbahn machen sich akustisch bemerkbar. Prüfen Sie die Lauffläche trotzdem mit der Fingerspitze auf Unregelmäßigkeiten.

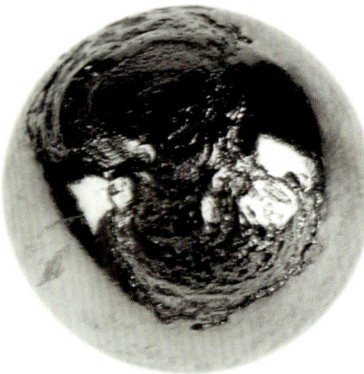

Defekte Kugeln
Betrachten Sie die Kugeln genau, ob Riefen oder Fehlstellen erkennbar sind. Defekte Kugeln müssen ersetzt werden.

Tipps & Tricks

Drei Dinge braucht ein Kugellager: Fett, Fett und Fett. Es reduziert die Oberflächenreibung von Kugeln und Laufbahn. Zudem verhindert es durch seine schiere Anwesenheit und zähe, wasserabweisende Konsistenz, dass Feuchtigkeit ins Lager eindringen kann.

➡ Erneuern Sie die Fettpackung der Achslager je nach Belastung etwa alle ein oder zwei Jahre.

➡ Verwenden Sie spezielles Lagerfett. Das ist nicht-harzend, druckresistent und zäh, d. h. es läuft auch bei hohen Temperaturen nicht aus den Lagerspalten.

Lagerspiel einstellen
Ein Geduldsspiel: Drehen Sie den Lagerkonus handfest so weit zu, bis die Kugeln spielfrei, aber ohne Druck leicht laufen. Kontern Sie dann die Fixierschraube und den Konus. Hier hilft nur Übung!

Hinterrad-Achse
Um nicht den Freilauf abnehmen zu müssen, reicht es, die Achs-Schrauben nur auf der linken Seite zu öffnen. Ans rechte Lager kommen Sie, indem Sie die Achse etwas nach rechts herausziehen.

Die Felge

Stöße von der Fahrbahn, Innendruck von Schlauch und Reifen, Zug durch die Speichen und Materialabtrag durch Felgenbremsen muss das Aluprofil ertragen. Also aufgepasst! Achten Sie bei den Felgen besonders sorgfältig auf Verschleiß. Tauschen Sie Felgen im Falle eines Falles frühzeitig aus.

Verschleiß-Indikatoren
Ein gefräster Ring oder einzelne kleine Bohrungen lassen erkennen, wie viel Material die Bremsflanke schon verloren hat. Bei Felgenbremsen hobelt jeder Bremsvorgang eine schmale Schicht Aluminium ab.

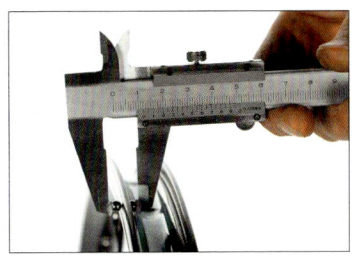

Flankendicke messen
Kleben Sie zwei Lagerkugeln mit Heißkleber auf eine Schieblehre. Messen Sie damit die Dicke der Felgenflanke unterm Felgenwulst. Ziehen Sie den Betrag der Kugeldurchmesser vom Messergebnis ab.

Felgenboden geplatzt
Zu hohe Speichenspannung und Materialermüdung haben die Speiche samt Nippel und Boden aus der Felge brechen lassen.

Flanke durchgebremst
Die immer dünner werdende Seitenfläche der Felge bricht beim Bremsen oder durch den Innendruck des Schlauchs einfach ab.

Haarrisse
Auch hier sind hohe Speichenspannung und Materialermüdung die Ursache für eine Rissbildung.

Abgebremste Flanke
Charakteristisch für unregelmäßige Flankendicke sind die dunkleren Stellen auf Speichenhöhe. Dort bleibt die Felge dicker, hier haftet mehr Bremsgummi an.

Delle ausbiegen
Eine Delle in der Felgenflanke von zu hartem Bordstein-Kontakt kann wieder herausgebogen werden. Bremsflanken werden nicht mehr ganz rubbelfrei, doch Disc-Felgen rollen wieder rund.

Felgenband aufziehen
Felgenband muss straff sitzen. Fixieren Sie das Band mit einem Kugelschreiber im Ventilloch, ziehen Sie es von dort aus über die Flanke ins Felgenbett.

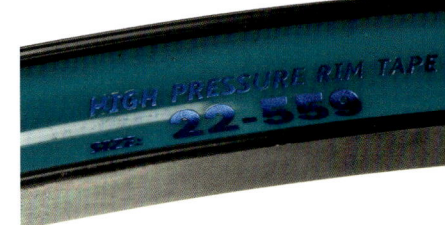

Richtige Bandbreite
Das Felgenband schützt den empfindlichen Schlauch vor Graten und scharfkantigen Felgenlöchern. Deshalb muss es den Felgenboden auf ganzer Breite bedecken. So kann es nicht zur Seite verrutschen.

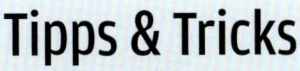

Tipps & Tricks

→ Bei Quietschen, Knirschen oder nachlassender Bremswirkung hilft meist eins: Entfetten, Aufrauen oder Polieren der Bremsflanke. Stahlwolle, Schleifleinen (ca. 220er-Körnung) oder ein spezieller Felgen-Schleifklotz sind günstige und effiziente Helferchen dafür.

Speiche ersetzen

Bei ungleichmäßiger Spannung oder punktueller Überlastung kann eine Speiche reißen. Dann muss sie ersetzt werden.

Bruch am Hinterrad
Nehmen Sie Reifen, Schlauch und Felgenband ab. Liegt der Speichenkopf im Hinterrad rechts, müssen Sie auch das Ritzelpaket vom Freilauf schrauben.

Speichenlänge messen
Messen Sie vom Speichenloch im Nabenflansch bis zum Felgenboden. Addieren Sie 3 mm fürs Gewinde. So lang muss die Ersatzspeiche sein.

Speiche einfädeln
Fädeln Sie die neue Speiche genau so ein, wie die defekte eingebunden war. Achten Sie dabei auf Über- bzw. Unterkreuzungen mit den anderen Speichen.

Laufrad zentrieren

Perfekt zentrieren ist eine Kunst. Und nur mithilfe eines Zentrierständers zu erreichen. Hier gilt: Übung macht den Meister.

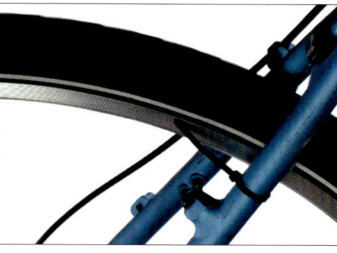

Nippel einsetzen
Setzen Sie den Speichennippel durch die Felge aufs Speichengewinde und drehen Sie ihn handfest. Das richtige Spannen erfolgt im Zentrierständer.

Als Nothilfe
Haben Sie keinen Zentrierständer zur Hand, befestigen Sie einen Kabelbinder an der Sitzstrebe und richten ihn zur Felge hin aus. Auch so lässt sich ein Seitenschlag finden und sogar beseitigen.

Zentrierständer einrichten
Setzen Sie das Laufrad in die Achsaufnahme und richten Sie Höhen- und Seiten-Messfühler auf eine nicht verzogene Stelle der Felge aus. Drehen Sie das Rad einmal und lokalisieren Sie die Abweichungen.

Der perfekte Nippelspanner
Wichtig ist, dass das Werkszeug die flachen Bereiche des Nippelschafts von drei Seiten möglichst eng und formschlüssig umfasst. Ist ein Nippel erst rund gedreht, lässt er sich nicht mehr kontrolliert drehen.

So zentrieren Sie richtig:

→ Arbeiten Sie immer nur mit halben Umdrehungen pro Nippel und Durchgang und immer in mehreren Durchgängen, d. h. Radumdrehungen. Speichen sollen möglichst alle gleichmäßig stark gespannt sein. Dieses filigrane Gleichgewicht ist bei zu starkem Anziehen einzelner Nippel schnell zerstört.

→ Beginnen Sie zur eindeutigen Orientierung immer am Ventil-Loch. Arbeiten Sie nur in eine Drehrichtung des Laufrads.

→ Vergegenwärtigen Sie sich zuvor die Drehrichtung am Nippel: Dort befinden sich normale Gewinde, die beim Zentrieren jedoch auf dem Kopf stehen. Dazu drehen Sie von der Gewinde-Unterseite her. Richtig ist: Gegen den Uhrzeigersinn drehen spannt die Speiche.

→ Drehen Sie Nippelgewinde nur zu, nie auf. Hohe Spannungsverhältnisse und vielfältige Systemreibung im Speichengeflecht verhindern eine kontrollierbare Entspannung.

Seitenschlag

Seitenschlag zentrieren

Ermitteln Sie durch eine ganze Radumdrehung, wo der Seitenschlag beginnt und endet. Behalten Sie diesen Bereich im Auge und beginnen Sie, nur die Nippel der Speichen zur Gegenseite, also jede zweite, je eine halbe Umdrehung anzuziehen. Wiederholen Sie das im ganzen Abweichungsbereich so lange, bis die Felge fluchtet.

Speichengewinde kleben

Manchmal wollen sich Speichennippel partout nicht mehr festziehen lassen. Geben Sie vom Felgenboden her einen Tropfen Spokefreeze auf den Nippelkopf (www.dtswiss.com).

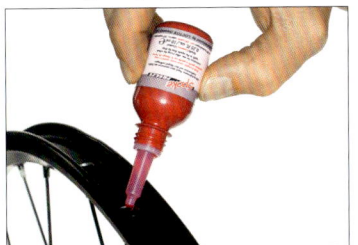

Höhenschlag

Höhenschlag zentrieren

Ermitteln Sie zuerst den gesamten Bereich der Höhenabweichung. Spannen Sie dann in mehreren Durchgängen alle Speichen dieses Bereichs gleichermaßen, bis die Beule verschwunden ist. Überprüfen Sie dann, dass Sie damit keinen Seitenschlag verursacht haben.

Mit dem Speichenlineal lässt sich die exakte Länge von Speichen aller Radgrößen millimetergenau ermitteln. Gemessen wird ab dem Bogen bis Ende Gewinde.

Nippel ölen

Wenns im Laufrad unter Belastung knarrt, kann ein Tropfen Öl auf den Nippel in seiner Lagerung wieder Ruhe bringen.

Messerspeichen halten

Zentriert man Messerspeichen, drehen sich die gerne mit. Ein Gegenhalter fixiert die Speiche während des Zentrierens.

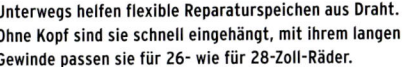

Unterwegs helfen flexible Reparaturspeichen aus Draht. Ohne Kopf sind sie schnell eingehängt, mit ihrem langen Gewinde passen sie für 26- wie für 28-Zoll-Räder.

Ersatz für die Tour

Wollen Sie länger und weiter unterwegs sein, ist es sinnvoll, passende Ersatzspeichen dabei zu haben. Kleben Sie das Bündel an die linke Kettenstrebe, dem Antriebsstrang gegenüber.

Reifen und Schlauch

Sie sind entscheidend für das Fahrverhalten eines Bikes. Mit dem richtigen Know-how bleiben Ihre Pneus gut in Schuss.

Reifen montieren

Demontage von Hand
Drücken Sie an einer beliebigen Stelle die Reifenflanke beidseitig zusammen und tief ins Felgenbett. Streifen Sie mit beiden Händen diese Stelle unter Spannung von sich weg zur Gegenseite.

Reifen abnehmen
Sind Sie gegenüber angelangt, stoßen Sie das Laufrad auf den Boden, um die Stelle im Felgenbett zu halten. Ziehen Sie dann den Reifen seitlich mit allen vier Fingern jeder Hand von der Felge.

Mit Montagehebeln
Setzen Sie zuerst einen Hebel an und hängen ihn an einer Speiche ab. Ca. 10 cm entfernt dann den nächsten, mit dem dritten Hebel springt die Reifenflanke von der Felge. Die Montage erfolgt umgekehrt.

Schlauch flicken

Ursachenforschung
Bauen Sie den defekten Schlauch aus. Kontrollieren Sie die Innenseite des Reifens: Stecken ein Nagel, Dorn, Scherbe oder Ähnliches in der Decke? Beseitigen Sie die Ursache für den Platten.

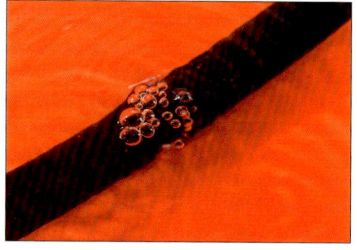

Loch orten
Pumpen Sie den defekten Schlauch etwas auf. Entweder hören Sie sofort, wo die Luft entweicht. An der Wange spürt man den Luftzug sehr deutlich. Oder Sie ziehen den Schlauch durch ein Wasserbad.

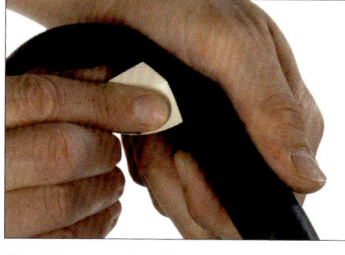

Markieren und aufrauen
Kreuzen Sie das Loch mit Kugelschreiber an. Verwenden Sie das Sandpapier oder die Blechfeile des Flickzeugs zum Anrauen der Umgebung in Flickengröße. So verbinden sich Flicken und Schlauch besser.

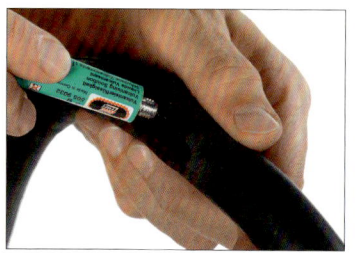

Vulkanisieren und flicken
Tragen Sie dünn Vulkanisierflüssigkeit auf und lassen Sie sie antrocknen. Ist sie berührtrocken, den Flicken von der Folie nehmen und gut anpressen. Nach einigen Sekunden hat der Kleber abgebunden.

Schlauch einbauen
Pumpen Sie den Schlauch mit zwei, drei Hüben an. Legen Sie ihn in den Reifen ein und drücken Sie die Reifenflanke wieder über das Felgenhorn. Vorsicht: Der Schlauch darf nirgends geklemmt werden!

Reifen mit Hebeln aufziehen
Sitzt der Reifen zu straff für Handarbeit, verwenden Sie auf den letzten Zentimetern des Runds Montagehebel aus Kunststoff. Hebeln Sie zuletzt beide zugleich hoch. Vorsicht vor Schlauchklemmern!

Ventile

Autoventil
Der Ventilstift in der Hülse kann herausge-schraubt werden, z. B. um Pannenschutz-Flüssigkeit einzufüllen. In Fahrt sollte der Deckel aufgeschraubt sein: Schmutz könnte zwischen Stift und Hülse geraten.

Sclaverandventil
Wenn die Rändelmutter des Ventilstifts offen steht, drückt der Pumpdruck den Ventilstift nach innen. Vor dem Befüllen einmal den Stift eindrücken, der sich im Ruhezustand oft etwas verkantet.

Blitzventil
Noch immer weit verbreitet. Vorteil: Billig. Nachteile: Umständlich zu handhaben. Schlecht befüllbar mit Standpumpe. Keine Möglichkeit der Druckkontrolle per Mano-meter. Wir raten zum Tausch.

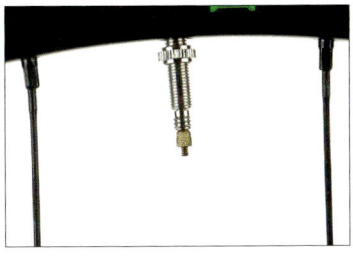

Von Auto- zu Sclaverandventil und umgekehrt ermöglichen Adapter den Anschluss unter-schiedlicher Pumpenköpfe.

Ventilschraube
Vorsicht: Wenn der Schlauch auf der Felge wandert, kann das Ventil abreißen. Las-sen Sie daher die Ventilmutter weg. Das gewährt dem Ventil etwas mehr Spielraum und auch die Mutter klappert nicht mehr.

Druck-Kontrolle
Messen und regulieren Sie den Reifendruck einmal im Monat. Moderne Reifen sind be-sonders leicht und leichtlaufend. Korrekter Druck ist da umso wichtiger. Sonst steigen Verschleiß und Pannenrisiko massiv.

Schläuche tragen ihre Maße auf dem Körper: Dieser füllt Reifen von 28 bis 44 mm Breite.

Nach der Reifenmontage
Stoßen Sie das Ventil vor dem Aufpumpen einmal tief in den Reifen. Der Ventilfuß im Schlauch darf nicht zwischen Reifenwulst und Felge eingeklemmt sein.

Probieren Sie die mitgelieferte Minipumpe zuhause aus, bevor Sie sich unterwegs darauf verlassen. Oft lässt sich damit ein Reifen nur schlecht befüllen.

Druck nach Maß

Für den Luftdruck werden die beiden Maße bar und PSI (Pounds per Squareinch) verwendet. Hier der Umrechnungskurs:
1 bar = 14,5 PSI
1 PSI = 0,069 bar

Komfortfaktor Reifen

Wer nicht will, braucht heute einen »Platten« nicht mehr zu fürchten. Mit kontrolliertem Luftdruck und Reifen der akuellen Generation lassen sich tausende Kilometer völlig pannenfrei abspulen. Das war noch vor wenigen Jahren undenkbar. Moderne Materialien und Fertigungstechnik machen es möglich.

Der Fortschritt ist unsichtbar: Er versteckt sich im Detail. Die Entwicklung neuer Kunststoffe und deren Verarbeitungstechniken erlauben die Konstruktion neuartiger Reifenkarkassen. Diese Tragematten bestanden früher aus schlichten Baumwollfäden, die mittels verschiedener Beschichtung und Webart die Aufgabe hatten, spitze Eindringlinge abzuwehren. Das schafften sie nur bedingt. Irgendwann war auch der stärkste Baumwollfaden durchtrennt. Zudem hinderten die traditionellen Werktoffe das Reifengummi am kraftsparenden Komprimieren, dem »Walken«. Die Folge: Je besser geschützt der Reifen war, desto schwerer war er und desto mehr Kraft schluckte sein Abrollen. Heute steckt ein extrem eng gewebtes Geflecht leichter Hightech-Fasern wie Kevlar, Aramid oder Vectran unter dem Gummi. Die Fasern sind so reißfest, dass sie auch in kugelsicheren Westen die Aufprallenenergie einer Gewehrkugel verschlucken können. Ihre enge Webart lässt spitze Gegenstände nicht durchdringen. Gegen im Gummi steckende Scherben arbeiten eingearbeitete Keramikpartikel daran, die Schnittkanten solcher Partikel bei jeder Reifenumdrehung ein wenig mehr abzuschleifen und sie so unschädlich zu machen. Die Verformung der Gewebelagen kostet so wenig Energie wie möglich, der Reifen walkt also leichter als zuvor.

Auch das Gummimaterial eines modernen Fahrradreifens hat sich verändert. An den Profilaußenkanten, der Mitte und in der Unterkonstruktion finden sich unterschiedlich abgestimmte Materialmischungen mit je nach Belastung erforderlicher Haftungs- oder Verschleiß-Betonung. So wuchsen Flexibilität, Nässehaftung, Abrollkomfort und Verschleißresistenz gegenüber früher um über das Doppelte. Zudem wurde die Anfälligkeit der Reifen gegen UV-Licht immer mehr verringert. Moderne Reifen rollen besser.

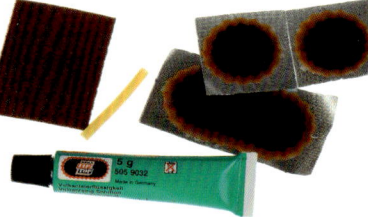

Schadet nicht, wenn man es dabei hat. Aber das Flickset kommt bei modernen Reifen kaum mehr zum Einsatz.

Hohe Haftung, saubere Spurführung und viel Grip auf losem Untergrund zeichnen den Marathon Extreme von Schwalbe aus.

Montage-Kniffe

Oft sind es nur kleine Dinge, die Ärger vermeiden. Praxistipps für leichteres Arbeiten an Schlauch und Reifen.

Reifen zentrieren
Je voluminöser, desto schwieriger ist ein Reifen auszuwuchten. Walken Sie ihn bei geringem Druck. Oder: Versuchen Sie es mit deutlichem Überdruck von etwa 6 bar. Der Wulst springt dann ins Felgenhorn.

Montagefluid
Einfaches Seifenwasser oder, besser, weil rückstandsfrei, das Montagefluid von Schwalbe helfen bei schwieriger Reifen-Platzierung. Mit anschließendem Überdruck ploppt der Reifen an seinen Platz.

Gleiche Felge, anderer Reifen. So krass unterscheiden sich gewöhnliche Reifenquerschnitte. Links ein Schwalbe Marathon Racer in 35 mm, rechts ein Big Apple mit 50 mm Breite.

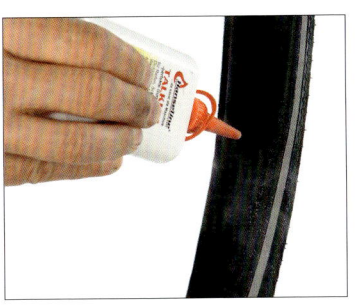

Schlauch pudern
Verhindert das Verkleben von Schlauch und Reifeninnenseite: Verteilen Sie vor der Montage reichlich Talkumpuder auf der Innenseite des Reifens.

Schmalen Sclaverand-Ventilen verhilft die Kunststoffhülse von Shimano zu sattem Sitz in großen Felgenbohrungen.

Dimension ablesen
Wichtig bei Ersatzkauf: Jeder Reifen trägt – mehr oder weniger gut sichtbar – seine Dimensionsbezeichnung auf der Flanke. Die ETRTO-Angabe nennt Breite und Innendurchmesser in Millimetern, z. B. 35-622.

Sclaverandventil im Autoventilloch
Bekommen Sie auf die Schnelle keinen Schlauch mit passendem Ventil, hilft eine Rändelschraube mit Zentrierring. Der kleine Absatz fixiert das schlanke Ventil in der zu großen Felgenbohrung.

Kombi-Kupplung
Als Ersatzteil verkauft SKS solche Alleskönner: Damit passt Ihre Werkstattpumpe auf Auto- und auf Sclaverandventile. Die Kupplung passt auch an Pumpen anderer Hersteller (www.sks-germany.com).

Die Pannenschutzeinlage aus Kevlarfasern verhindert Durchstiche im Reifen. Ihre enge Webart wehrt spitze Eindringlinge zuverlässig ab.

Nutzwert-Steigerung

Wer hat schon Lust auf feuchte Hosen bei nasser Fahrbahn? Auf zerkratzten Lack und Beulen am Rad vom Abstellen an Hausmauern und Laternenpfählen? Und wohin mit der Aktentasche oder Reisegepäck am Rad? Erst praktische Komponenten wie Schutzblech, Gepäckträger und Ständer machen ein Fahrrad wirklich dauerhaft und unkompliziert täglich nutzbar. Wir geben Tipps, wie Sie mit diesen Alltags-Helfern gut zurechtkommen.

Die machen das Fahrrad zum Wohnmobil: leichte wasserdichte Packtaschen von Vaude.

zing«: Ähnlich wie beim Rahmenbau werden hohle Röhrchen statt massiver Streben verwendet. Ihr Durchmesser liegt bei 8 oder 10 Millimetern. Durch die breitere Abstützung an den Schweißpunkten werden sie stabiler und sind wesentlich bruchresistenter als früher. Die Montage und die regelmäßige Überprüfung der Verschraubung all dieser Anbauteile ist Gegenstand dieses Kapitels.

Wer sein Fahrrad täglich einsetzt, hat andere Bedürfnisse als ein Schönwetter-Ausflügler. Schutzbleche, Gepäckträger und Ständer gewähren Wetterunabhängigkeit, Transportkapazität und unkomplizierte Abstellmöglichkeit. Doch offenbar bestimmt oft ein Impuls unreflektierter Sportlichkeit die Kaufentscheidung: Viele »nackt« gekauften sportlichen Crossräder oder schnittigen Stadtflitzer werden im Lauf der Zeit mit Alltagsausstattung nachgerüstet. Was auch meist ohne Probleme möglich ist. Heutige Rahmen halten Gewindeösen oder ähnliche Montagemöglichkeiten zum nachträglichen Alltagsumbau bereit. Eine der markantesten Entwicklungen im Rahmenbau der letzten Jahre war die Konzentration auf ein multifunktionales hinteres Ausfallende. Hier, wo Sitz-, Kettenstrebe und

Achsaufnahme aufeinandertreffen, war schon immer auch der Platz für Schutzblech- und Gepäckträgerstreben. Neu hinzu kam die Scheibenbremse und ein direkt am Rahmen befestigter, stabil und sicher untergebrachter Hinterbau-Ständer. Auch wenn es unwahrscheinlich klingt: Es gibt durchaus einige ästhetisch gelungene Umsetzungen dieses umfangreichen Lastenhefts. Der statisch günstigste Ort für eine Parkstütze am Fahrrad ist tatsächlich am Hinterbau links: Das eingeschlagene Vorderrad wirft das Gefährt nicht um, wenn es bei seitlicher Neigung um den Abstützpunkt des Hinterbauständers zirkelt. Eventuelles Gepäck auf dem Träger stabilisiert sogar die Parkstellung, wenn beim Beladen daran gedacht wurde, die Last symmetrisch zu verteilen. Moderne Träger nutzen das Prinzip »Oversi-

Der packt auch das Gepäck für Ihre Weltreise: Der Tubus Logo stemmt bis zu 40 Kilo.

Ideal am Einkaufsrad, zwingend mit Kindersitz am Rad: der Zweibeinständer von Hebie.

107

Radschützer

Im täglichen Einsatz sind Schutzbleche gegen Nässe und aufgewirbelten Schmutz unverzichtbar. Die Schwierigkeiten fangen an, wenn es am Laufrad schleift oder die Montage anderer Reifen erschwert.

Blech am Vorderrad ausrichten
An der Gabel ist das Schutzblech an einer Langloch-Öse aufgehängt. Hat es sich verdreht, können Sie hier Ausrichtung und Bauhöhe korrigieren.

Strebe-Blech-Verbindung
Auch die geschraubte Verbindung von Blech und Strebe sollten Sie ab und zu nachziehen, damit das Schutzblech nicht plötzlich verrutscht.

Streben verlegen
Am Vorderrad schlägt oft das Blechende gegen den Reifen. Verlegen Sie die Streben zum Lowrider-Gewinde. Das verkürzt sie und reduziert ein Aufschaukeln.

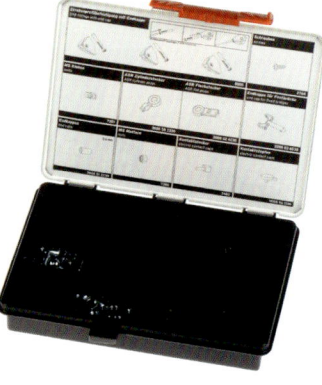

Sollte beim Fachhändler auf dem Ladentisch stehen: Der Streben-Doktor von SKS. Er heilt alle Schutzblech-Wehwehs mit den passenden Ersatzteilen für jede Bauart.

Halteschrauben fetten
Bei dieser Art der Blech-Streben-Verbindung sollten Sie die 8 mm-Muttern gefettet aufs Gewinde schrauben. Die Verbindung lässt sich dann zum späteren Nachjustieren leichter wieder öffnen.

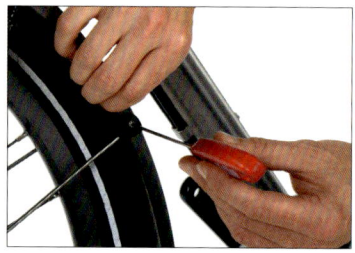

Streben gerade biegen
Streift das Schutzblech am Reifen, hilft nur Vergrößerung der Distanz. Biegen Sie deshalb Streben nie seitlich. Versuchen Sie, sie wieder so gerade wie möglich zu bekommen. Sonst bleibt nur ein Tausch.

Strebenlänge ausreizen
Bei Durchlauf-Problemen kommt es oft auf den entscheidenden Millimeter Strebenlänge an. Nutzen Sie also die ganze Länge der Stahlstäbchen aus: An den Klemmstellen lässt sich mancher Millimeter herausholen.

Ausreichender Durchlauf
Reifendimension und Schutzblechbreite müssen zueinander passen. Wenn Sie mit einem Stift auf ganzer Länge zwischen Schutzblech und Reifen durchfahren können, reicht der Durchlauf bequem aus.

Schutzblech zurück verformen

Streift das obere, freie Ende partout am Reifen, bauen Sie das Laufrad aus. Verdrehen Sie dann beherzt das Blechende in die gewünschte Richtung und halten Sie es eine Minute lang in dieser Stellung.

Sicherheitsauslöser

Am vorderen Schutzblech sitzt ein Sicherheits-Auslöser an der Gabel. Er befreit ein sich auffaltendes Blech von der Strebe. Montieren Sie die Halteschraube nur handfest, denn das Kunststoffteil bricht leicht.

Passende Schrauben

Auch wenn hier keine großen Kräfte wirken: Verwenden Sie nur Schrauben, deren Länge das vorhandene Rahmengewinde ganz ausfüllt. So vermeiden Sie ausgedrehte und angerostete Gewinde.

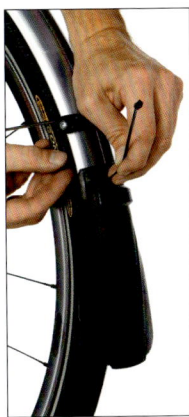

Schutzblech verlängern

Der Spritzschutz modisch kurzer Bleche reicht oft nicht aus. Setzen Sie zwei 3 mm-Bohrungen ins Schutzblechende und fixieren Sie einen zusätzlichen Spritzlappen mit Kabelbindern am Blech.

Streben verlängern

Zur Montage dickerer Reifen oder Spikes reicht oft der Durchlauf am Schutzblech nicht aus. Biegen Sie aus einer Stahlspeiche eine Acht. Setzen Sie diese zur Verlängerung zwischen Rahmen und Strebe.

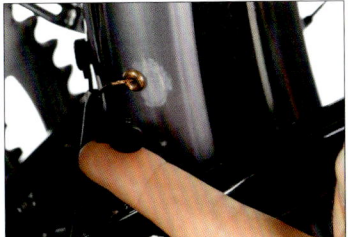

Leiterbahn-Stecker ersetzen

Verlorene Kabelstecker, die das Lichtkabel mit der Schutzblech-Leiterbahn verbinden, können einfach aus dem SKS-Schutzblech-Doktor beim Fachhändler ersetzt werden.

Gepäckträger

Egal, ob einfacher Alltagsträger oder Highend-Gestell für die Weltreise: Gepäckträger sind stabil und leicht wie nie zuvor. Umso wichtiger, dass sie auch gut montiert und die Schrauben gegen Losrütteln sicher sind.

Regelmäßig Schrauben nachziehen

Bevor Sie aufladen: Ziehen Sie alle Schrauben am Gepäckträger von Zeit zu Zeit, vor allem jedoch unterwegs auf Reisen, sorgfältig nach. Durch Gepäckfahrten können sich die Schrauben selbsttätig losrütteln.

Gewinde fetten

Auch am Träger sollten alle Schraubgewinde dünn gefettet sein. Das vermeidet Festkorrodieren und verteilt die Haltekräfte gleichmäßiger im Gewinde.

Lose Schrauben verkleben

Hartnäckig sich selbst lösende Schrauben drehen Sie mit mittelfestem Schraubenkleber ins Gewinde.

Gepäckträger montieren

Getrennte Schrauben
Montieren Sie Träger- und Schutzblech-streben möglichst an verschiedenen Punkten am Rahmen. An einer Schraube übereinanderliegende Streben lassen sich nicht genügend fest verschrauben.

Distanz schaffen
Falls es nicht anders möglich ist, legen Sie Distanzscheiben aus Kunststoff zwischen zwei Streben an einer Schraube. Das weiche Material passt sich den Formen an und stützt besser ab.

Ausgedrehte Gewinde
Direkt ins weiche Rahmenaluminium geschnittene Gewinde sind leicht vermurkst. Hier hilft der Gewindeschneider. Schneiden Sie in Originalgröße nach. Nützt das nichts: aufbohren und ein neues, größeres Gewinde schneiden.

Der Gewindeschneider besteht aus Spanngriff und Gewindestift. Schneider für M 4, M 5 und M 6 sollten Sie im Werkzeugkasten haben. Schmieren Sie das Werkzeug beim Schneiden mit Öl.

Lowrider montieren
Auch die Haltestreben des Lowriders sollen waagerecht stehen. Also zuerst die Schrauben am Ausfallende, dann die im Gabelholm eindrehen.

Träger ausrichten
Montieren Sie einen Gepäckträger zuerst an den Ausfallenden. Richten Sie ihn waagerecht aus und fixieren Sie dann erst die Abstützung an den Sitzstreben.

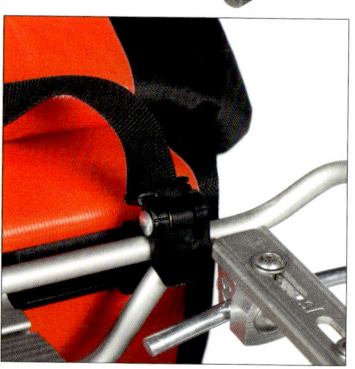

Korb aufsetzen
Auf Gepäckträgern ohne Federklappe hält ein Korb dauerhaft und stabil, wenn Sie ihn an den Trägerstreben verschrauben. Von Klickfix gibt es passende und haltbare Schraubhalterungen.

Taschenhaken einrichten
Die Haken der meisten Packtaschen sind in Schienen verschiebbar. Stellen Sie die vordere ganz an eine Querstrebe, sodass die Tasche beim Bremsen nicht plötzlich nach vorne rutschen kann.

Auf Fersenfreiheit achten
Das andere Kriterium bei der horizontalen Ausrichtung neuer Gepäcktaschen ist die Fersenfreiheit. Etwa 2–3 cm Luft sollte bleiben, damit Sie auch mit groberem Schuhwerk sicher fahren können.

Parkstütze

Wesentlich längere Zeit als in Fahrt verbringt ein Fahrrad irgendwo abgestellt. Moderne Parkstützen sind stabil, clever zu befestigen und sogar einstellbar. Was Sie ihnen Gutes tun können, zeigen wir hier.

Schrauben verkleben
Das hohe Klapp-Moment bei Esge-Ständern schafft jede Schraubhalterung: Die Halteschrauben am Ausfallende rütteln sich selbsttätig los. Verkleben Sie diese Schrauben und kontrollieren Sie sie öfters.

Gelenk schmieren
Einmal jährlich Fett ins Ständer-Gelenk pflegt, bewahrt die Leichtgängigkeit und wehrt Korrosion ab.

Lack schützen
Wird der Hinterbau-Ständer an Sitz- und Kettenstrebe geklemmt, hilft eine Lage Klebeband oder alter Schlauch, den Lack zu schützen. Achten Sie auch auf gleichmäßige Spannung der Schrauben.

Beinlänge anpassen
Manche Parkständer haben verstellbare Beine, manche nicht. Halten Sie das Rad in der idealen Park-Neigung und messen Sie die notwendige Ständerlänge. Sägen Sie starre Beine passend zu.

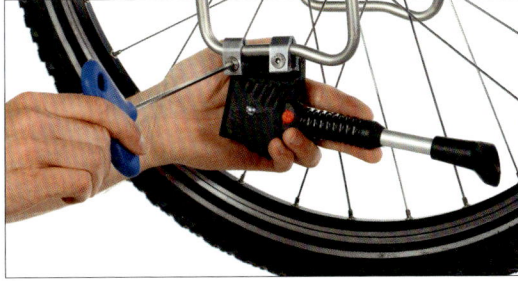

Träger-Stütze
Auch am Lowrider kann ein Kurz-Ständer montiert werden. Bei Beladung des Lowriders steht das Gefährt stabiler als zuvor, weil das Vorderrad im Stand nicht seitlich ausbrechen kann.

Halteschraube nachziehen
Mittelständer sind meist mit nur einer M 8-Schraube befestigt. Durch die Klapp-Bewegung rüttelt sie sich oft los. Ziehen Sie die schwer zugängliche Schraube öfters und beherzt fest.

Lenkungsdämpfer montieren
Wenn das Rad auf einem Zweibeinständer parkt, montieren Sie eine Zugfeder zwischen Unterrohr und Gabelkopf. Das bewahrt Vorderrad und Lenker im Stand vor zu starkem Einschlag.

Die helle Freude

Kaum ein Bereich der Fahrradtechnik hat so stark von technischem Fortschritt profitiert. Seit LEDs und keine Glühfadenbirnchen mehr im Fahrradscheinwerfer stecken, kann man auch nachts wirklich sehen, worüber man gerade fährt. Bei so viel Durchblick machen Nachtfahrten plötzlich richtig Spaß.

Es ist der Wechsel vom bisherigen »Gesehen werden« zum »Nachts in aller Deutlichkeit selber sehen«, der so begeistert. Möglich machen dies die »Licht-emitierende Diode«, ein Produkt der elektronischen Mikrotechnik, und die Findigkeit und Experimentierfreude einiger Fahrradbeleuchtungs-Hersteller. Eine LED verbraucht nur einen Bruchteil der Energie einer Glühlampe, besitzt jedoch ein Vielfaches deren Lebensdauer: Etwa 100 000 Betriebsstunden werden angegeben. Das ist ein Mehrfaches der Lebensdauer des gesamten Fahrrads. In exakt berechneter Position der LED zum Reflektor eingepasst, versehen mit einer Steuer- und Regelelektronik und mit stabiler Stromzufuhr versorgt, macht eine LED mittlerweile so viel Licht, wie es früher nur mit aufwendiger Gasentladungs-Technik möglich war. Selbst Halogenbeleuchtung kann hier nicht das Wasser reichen. Benötigt ein Halogen-Scheinwerfer immer eine gewisse Mindest-Umdrehungszahl des Nabendynamos und damit etwa

Klein, sparsam und im Dunkeln unübersehbar: Der Cyo von Busch & Müller ist die Referenz für zugelassene Fahrradbeleuchtung.

Alles, was leuchtet, ist gut. Bei Dunkelheit bringt ein zusätzliches Rücklicht mehr Sicherheit: das sparsame LED-Modell LS 510 von Trelock.

30 km/h gefahrene Geschwindigkeit, um sein Helligkeits-Optimum zu erreichen, strahlt eine genügsame LED-Leuchte schon beim Schieben des Rads mit voller Leuchtkraft. Begrenzt wird die schiere Power nur durch die Vorschriften der Straßenverkehrs-Zulassungsordnung in Deutschland, deren exakte Spannungs- und Lichtstärken-Limits für Fahrradbeleuchtung aus dunklen Zeiten vor der Elektronifizierung stammen. Am Rücklicht sind LEDs schon seit längerer Zeit üblich. Dioden lassen sich dank ihrer Sparsamkeit auch gut in Verbindung mit kondensatorgespeistem Standlicht einsetzen. Sowohl in dyna-

mo- als auch batteriebetriebenen Rückleuchten ist LED-Technik ein Standard, der hohe Sichtbarkeit und Betriebssicherheit kombiniert. Hakt es also in der Funktion einer modernen Lichtanlage, liegt das beinah immer am schwächsten Glied, der Verkabelung. Sie ist und bleibt, mit ihren zahlreichen Schwachstellen in der Verlegung, das Sorgenkind Nr. 1 in der Fahrradelektrik. Manchmal hilft nur der komplette Ersatz durch neue Biaxial-Kabel, um einen stabilen Lichtbetrieb zu erreichen. Es gibt jedoch, vor allem bei der Erstmontage einer Lichtanlage, ein paar Tipps, wie Sie eine möglichst störungsfreie Verkabelung einrichten können. Auch das wollen wir Ihnen auf den folgenden Seiten nicht vorenthalten.

Die Lichtanlage

Je besser die Scheinwerfer, desto wichtiger die Justage. Wer mit Licht so freigebig umgeht wie LED-Leuchten neuester Bauart, wird leicht zum Blender. Entgegenkommende Radfahrer und Fußgänger sind dankbar, wenn Sie Ihre Lampenposition gelegentlich überprüfen und neu einstellen.

Scheinwerfer einstellen

Die StVZO schreibt vor: In 5 Metern Entfernung muss die Mitte des Lichtkegels auf halber Höhe der Bauhöhe am Rad liegen. Messen Sie, wie hoch der Scheinwerfer am Rad montiert ist. Stellen Sie das Rad 5 m vor eine Wand, lassen Sie das Vorderrad von einem Freund leicht anheben und drehen Sie den Nabendynamo. Neigen Sie die Leuchte so, dass die Höhenverhältnisse passen.

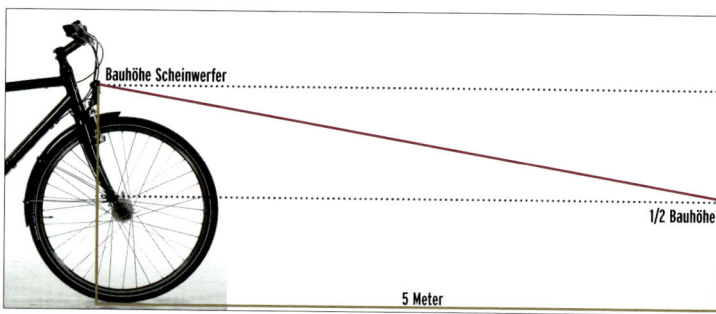

Bauhöhe Scheinwerfer

1/2 Bauhöhe

5 Meter

1 Ein Paar Plus-Kontakt-Zungen
2 Ein Paar Minus-Kontakt-Zungen
3 Fest verbundenes Kabel zum Nabendynamo
4 Drei-Wege-Schiebeschalter: Aus, Dauer-An, sensorgesteuertes Automatik-Licht
5 dreistufig neigbarer Scheinwerfer

Halteschraube festziehen

Ziehen Sie die Schraube so fest, dass sich die Leuchte nur schwer noch von Hand bewegen lässt.

Polung beachten

Bei zweiadrigen Kabeln ist immer eine Ader markiert. Stellen Sie sicher, dass »Plus« am Anfang auch mit »Plus« am Ende verbunden ist. Auch die Pole der Leuchten sind mit Symbolen markiert.

Halogen: Birnchenwechsel

Gehäuse öffnen

Meist geht es ohne Werkzeug: Am »Fly« muss eine Lasche entriegelt werden, dann lässt sich der Gehäusedeckel abheben und der Reflektor entnehmen.

Birnchen wechseln

Die Halogenbirne wird gewindelos, mit einer Nase ausgerichtet, aus ihrer Klemmfassung gezogen. Die wiederum steckt in der Passung des Reflektors.

Anbau einer Lichtanlage

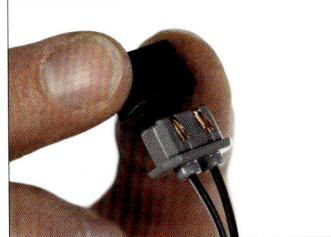

Dynamostecker anbringen
Kabel abisolieren, Kupferdraht durchs Steckerteil fädeln und umbiegen. Dann Stecker zusammensetzen. Achten Sie auf die korrekte Polung: »Plus« ist mit Blitz-Symbol markiert, »Minus« mit Mistgabel-ähnlichem Erdungszeichen.

Dynamo-Laufrad verwenden
Vergessen Sie Seitenläufer-Dynamos! Kaufen Sie ein fertiges Nabendynamo-Laufrad. Das kostet nicht die Welt, Betriebssicherheit, geringes Gewicht und Robustheit sind unschlagbar.

Scheinwerfer montieren
Schrauben Sie die Frontleuchte an die mittige Bohrung am Gabelkopf. Verwenden Sie Beilagscheiben und selbstsichernde Muttern für hohe Verdrehsicherheit und sicheren Halt.

Rücklicht montieren
Ist ein Gepäckträger vorhanden, ist er der optimale Platz fürs Rücklicht. Beide Montagebreiten 50 und 80 mm sind durch Umsetzen der Schrauben möglich.

Bremssockel-Montage
Das Seculight mit Standlicht kann auch per mitgelieferter Montagespange direkt auf dem Bremssockel montiert werden.

Verkabelung

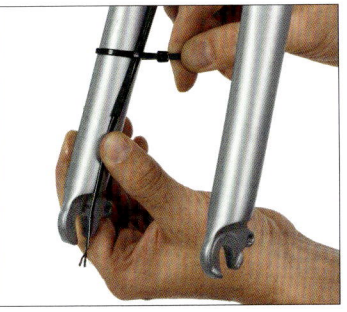

Kabel am Rahmen verlegen
Umhüllen Sie das zweiadrige Lichtkabel komplett mit Schrumpfschlauch. Fixieren Sie es mit Kabelbindern entlang der Brems- oder Schaltzüge zum Rücklicht.

Dynamokabel verlegen
Federgabeln bieten oft Kabelführungen zum Aufschrauben. Andernfalls fixieren Sie das Kabel, in Schrumpfschlauch geführt, mit Kabelbindern innen am Rohr.

Licht-Vorschrift §67

→ Fahrräder müssen mit einer Lichtmaschine ausgerüstet sein, Leistung mindestens drei Watt, Spannung sechs Volt. Es darf zusätzlich eine Batterie mit einer Spannung von sechs Volt verwendet werden.

→ Der weiß leuchtende Frontscheinwerfer muss in zehn Metern Abstand eine Helligkeit von mindestens zehn Lux aufweisen.

→ Dynamos müssen einen Wirkungsgrad von mindestens 30 Prozent aufweisen und einen Überspannungsschutz haben.

→ Am Heck brauchen regelkonforme Fahrräder eine rote Schlussleuchte, zwei rote Rückstrahler, davon einen mit dem Buchstaben Z gekennzeichneten roten Großflächen-Rückstrahler. Die Schlussleuchte und einer der Rückstrahler dürfen in einem Gerät vereint sein.

→ An der Rückseite darf eine zusätzliche, auch im Stand wirkende, rote Schlussleuchte angebracht sein.

→ Pedale benötigen nach vorn und hinten wirkende gelbe Rückstrahler.

→ Vorder- und Hinterrad benötigen nach jeder Seite mindestens zwei um 180 Grad versetzt angebrachte gelbe Speichenrückstrahler, oder ringförmig zusammenhängende reflektierende weiße Streifen an den Reifen.

Kabel flicken

Abisolieren
Mit einer Abisolierzange geht's material-schonend und schnell. Isolieren Sie etwa 1 cm beider Kabelenden ab.

Kabelbruch verzinnen
Schieben Sie ein 2,5 cm-Stück Schrumpf-schlauch auf ein Kabelende. Legen Sie beide Enden parallel und verdrillen Sie sie von Hand. Optimal: das Verzinnen mit einem Lötkolben.

Schrumpf-Isolierung
Schieben Sie anschließend den Schrumpf-schlauch über das Flick-Stück und lassen ihn bei offener Flamme aufschrumpfen.

Tipps & Tricks

Kontaktspray
Geben Sie nach Nässefahrten und im Winter ab und zu einen Stoß Kontaktspray, wie WD 40, auf die Dynamokontakte.

Kabel-Wendel
Clever, unaufwendig und reversibel: Kunststoff-Wendel verbinden Elektrik-kabel sicher mit Schutzblechstreben, Zughüllen oder Bremsleitungen.

Seitenläufer-Dynamo

Dynamo ausrichten
Richten Sie den Dynamo axial zur Radach-se hin aus. So steht die Laufrolle unverkan-tet und im richtigen Winkel am Reifen auf.

Fester Halt
Die Halteschraube des Dynamos rüttelt sich häufig selbsttätig los. Legen Sie Bei-lagscheiben unter, ziehen Sie die Schraube regelmäßig nach und verkleben Sie sie.

Rollen-Tausch
Bei B&M-Dynamos lässt sich durch Entfer-nen eines Sprengrings einfach die Lauf-rolle ersetzen. Oder für den Winterbetrieb eine Drahtbürstenrolle montieren.

Kontakt-Pflege
Kontrollieren Sie die Kabelkontakte auf Korrosion. Schneiden Sie vergammelte Kabelenden ab. Geben Sie nach Nässe-fahrten einen Stoß Kontaktspray darauf.

Computer montieren

Tacho-Montage
Montieren Sie Computer und Halterung am Lenker. Ist dort zu wenig Platz, passen manche Modelle auch auf den Vorbau. Legen Sie ein Stück Schlauchgummi unter. So sitzt der Computer sicherer.

Sender und Magnet ausrichten
Befestigen Sie zuerst den Sender an der Gabel. Richten Sie ihn vorwärts aus, damit er nicht in die Speichen geraten kann. Der Speichenmagnet muss auf die Höhenmarkierung des Senders ausgerichtet sein.

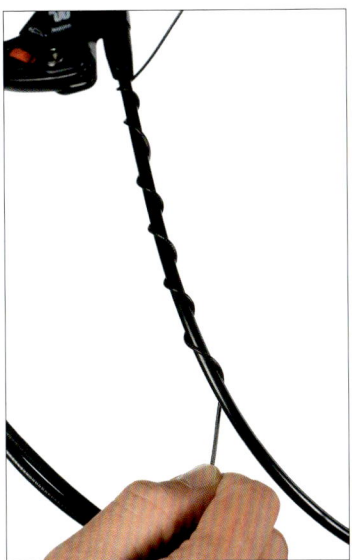

Kabel verlegen
Falls Ihr Computer drahtgebunden ist, wickeln Sie die dünne Litze an der vorderen Bremsleitung entlang zur Gabel. Lassen Sie etwas Überstand zum Einlenken und an der Federgabel, falls vorhanden.

Tipp

LED-Konflikt
Oft stört das elektromagnetische Feld einer Dynamo- oder Akku-LED-Leuchte den Tacho. Die Alternativen: Platzieren Sie beide so weit auseinander wie möglich. Hilft das nichts, verwenden Sie besser ein Kabelmodell.

Passive Beleuchtung

Heck-Reflektoren
Die StVZO fordert zwei Reflektoren am Heck: einen mit dem Rücklicht verbundenen und einen zusätzlichen am Schutzblech. Beide tragen als Prüfzeichen eine »Z-Nummer«.

Speichenclips
Was der Sicherheit dient, ist nie schlecht: Montieren Sie auf jeder Speiche ein Sekuclip-Speichenstäbchen. Drücken Sie die Clips auf ganzer Länge satt auf die Speiche.

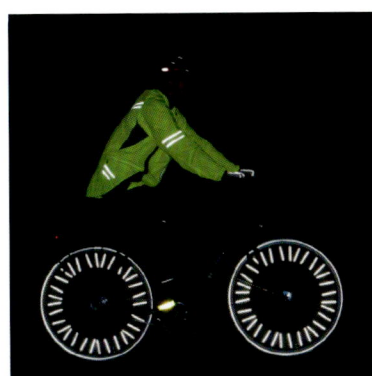

Nacht-Sicht
Reflektoren an der Kleidung machen Radler bei Dunkelheit besser erkennbar. Tragen Sie Reflexbekleidung oder verwenden Sie Reflexbänder, wenn Sie häufiger nachts fahren.

Richtig sitzen ohne Schmerz

Das Fahrrad muss zum Menschen passen, nicht umgekehrt. Je besser die Anpassung der Maschine auf den Körper des Fahrers, desto besser wird dessen Leistungsentfaltung und Ausdauer. Schmerzen beim Radfahren müssen nicht sein. Mit den richtigen Anbauteilen machen Sie Ihr Rad zum Wellness-Vehikel.

Wer sein Rad in passender Größe kauft, hat schon viel gewonnen. Rahmenhöhe und Oberrohrlänge müssen nämlich von Anfang an stimmen. Wichtig ist deshalb, schon bei der Beratung im Shop zu wissen, wie man sitzen möchte. Soll es eine sportlich-geneigte Sitzposition für schnelle, lange Strecken mit hohem Kafteinsatz sein? Oder möchten Sie gemü tlich durch

Ein XLC-Lenkerhörnchen wiegt gerade einmal 30 Gramm. Dafür bieten sie gleich mehrere Zusatz-Griffpositionen.

die Landschaft kurbeln, mit aufrechtem Oberkörper und lockerer Handhaltung?
Sportliche Sitzweise erfordert eine Sattel-Lenker-Überhöhung, einen etwas mehr als schulterbreiten Lenker mit geringer Griffwinkelung, einen schmalen Sattel, ein langes Oberrohr und Vorbau.
Für die gemütliche Position brauchen Sie ein Rad mit hoch angebrachtem Lenker, entsprechend längerem Steuerrohr, kürzerem Vorbau und breiterem Lenker, möglichst mit angewinkelten Griffenden und

Paddel-Griffen, die eine flächige Handabstützung ermöglichen, um taube Finger zu vermeiden. Da mehr Gewichtsanteil auf dem Sattel lastet, sollte der breit und straff gepolstert sein.
Fühlen Sie sich auf Ihrem Rad nicht wohl oder bereitet es Ihnen Schmerzen, können Sie etwas dagegen tun: Stimmen Sie zuerst Sitzhöhe, -tiefe und die Sattelbreite genau auf sich ab. Davon ausgehend lässt sich das Maß Sattel-Lenker in Grenzen über den Vorbau variieren: Der kann länger, kürzer, steiler oder flacher ausfallen.
Da sich damit auch Hebelverhältnisse verändern, macht ein zu langer Vorbau die Lenkung träge, ein zu kurzer nervös. Auch Hörnchen am Lenker schaffen eine längere Sitzposition durch die Griff-Verlagerung vor den Lenker. Es gibt unterschiedlichste Formen von Lenkern: breit, schmal, gerade, geschweift, gebogen, aufwärts oder nach unten gerichtet – die Auswahl ist riesig.

Zu einem der beliebtesten Nachrüst-Produkte haben sich die Ergon-Griffe entwickelt.

Der Lenker muss im Durchmesser zum Vorbau passen und genügend Platz für Schalt-, Bremsgriffe und sonstige Anbauten lassen.
Alle genannten Teile tragen einen Teil Ihres Gewichts. Wichtig ist deshalb, gerade bei heute weit verbreiteten Leichtbauteilen, die sachgemäße und sorgfältige Montage unter unbedingter Einhaltung der Drehmoment-Vorgaben der Teilehersteller.
Die obligatorische Prüfung auf Verdrehsicherheit nach allen Arbeiten an Sattel, Sattelstütze, Vorbau und Lenker ist ratsam. Denn neben guter Ergonomie ist nichts wichtiger als Ihre Sicherheit.

Leicht, stabil und höchst variabel:
Der VRO-Lenker von Syntace ist ein
ergonomisches Spitzenprodukt.

Lenker

Wenn er nicht zum Fahrer passt, fühlt sich niemand wohl auf seinem Rad. Nur Ausprobieren führt zur passenden Einstellung. Doch Achtung: Bei allen Arbeiten an Lenker und Vorbau ist Sorgfalt gefragt.

Vorsicht bei Leichtbau-Parts!

→ Achten Sie an Vorbau- und Lenker-Klemmungen auf gleichmäßige Klemmspalte und die Einhaltung der maximalen Drehmomente.

→ Fetten Sie die Schraubgewinde, nie jedoch die Klemmflächen.

→ Bei Klemmung zweier Carbonteile: Verwenden Sie Carbonpaste auf den Klemmflächen. Sie enthält verformbare Partikel, die die Haftfläche vergrößern. Unterschreiten Sie trotzdem nie das verlangte Drehmoment, auch falls der Pasten-Hersteller dies nahelegt.

→ Vermeiden Sie jedes »Anknallen« von Schrauben, auch bei der Brems-, Schaltgriff-, Hörnchen- oder Schraubgriff-Montage. Ziehen Sie Klemschrauben nur so fest, dass sich das montierte Teil gerade nicht mehr verdrehen lässt.

→ Untersuchen Sie Leichtbauteile regelmäßig auf Beulen, Kerbmarkierungen und Risse, insbesondere in der direkten Umgebung von Klemmstellen.

→ Tauschen Sie Leichtbauteile an Lenker, Vorbau oder Sattelstütze prophylaktisch nach einem Sturz. Vor allem an Carbonteilen können innere Strukturschäden von außen unsichtbar bleiben.

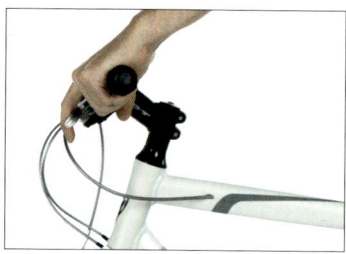

Armaturen ausrichten
Richten Sie Brems- und Schaltgriffe auf dem Lenker so aus, dass sie in Fahrhaltung genau »in die Hand fallen«. Das Handgelenk soll ohne Knick locker aufliegen.

Schrauben sorgfältig anziehen
Bei der Lenkermontage im Vorbau müssen 4-Schraub-Klemmungen über Kreuz festgezogen werden. Beachten Sie die Drehmoment-Vorgaben der Hersteller.

Klemm-Maß 31,8 mm
Dicker macht steifer. Beim Lenkermaß 31,8 mm bleibt kaum Platz für Zubehör-Montage am Lenker. Besonders Starrgabel-Fahrer fahren mit dünnem Lenker zudem komfortabler: Der kann besser flexen.

Lenker-Vorbau-Kombis
Achten Sie bei Leichtbaulenkern, besonders bei Carbon, auf eine genau passende Vorbauklemmung ohne Grate oder Riefen. Verwenden Sie möglichst abgestimmte Paarungen desselben Herstellers.

Lenker kürzen

Die Breite eines Lenkers ist Geschmackssache. Mit einem Rohrschneider lassen sich zu breite Geweihe auch leicht auf passende Länge kürzen.

Passende Lenkerbreite
Schmaler als Schulterbreite sollte ein Lenker nicht werden. Mehr Breite bietet jedoch bessere Lenkkontrolle.

Lenker schneiden
Kürzen Sie den Lenker nur, wenn das ausdrücklich erlaubt ist. Verwenden Sie einen Rohrschneider für exakt senkrechten Schnitt.

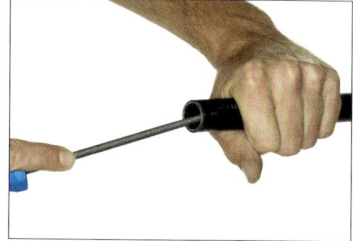

Kanten brechen
Befeilen Sie die Kanten innen und außen am Rohrende. Bei Aluminiumlenkern reicht dafür auch Schmirgelleinen aus.

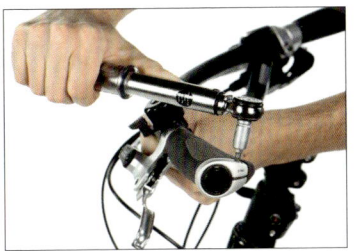

Schraubgriffe montieren
Befestigen Sie Schraubgriffe mit dem angegebenen Drehmoment. Achten Sie darauf, die Lenkerenden durch die Klemmung nicht zu stark zu belasten.

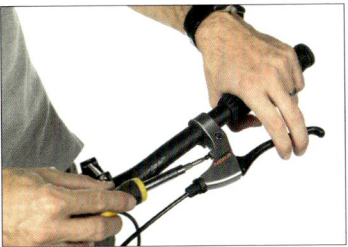

Bremsgriffweite einstellen
Die Griffweite der Bremsgriffe lässt sich mit einer Stellschraube nahe dem Hebelgelenk auf Ihre Handgröße einstellen. Bei gestreckten Fingern sollte das zweite Fingerglied am Hebel aufliegen.

Lenkerdurchmesser
Analog zum Klemmmaß des Lenkers benötigen Sie den passenden Vorbau. Das Standardmaß für Trekkinglenker orientiert sich am Mountainbike und beträgt 25,4 mm. Die Alternative sind 31,8 mm. Das macht den Lenker steifer, aber auch unkomfortabler und lässt wenig Platz für Anbauten.

Griffe
Griffe gehören zu den meistgetauschten Teilen am Rad. Verwenden Sie möglichst verdrehsichere Schraubgriffe. Gesteckte Griffe lassen sich mit Griff-Klebstoff fixieren.

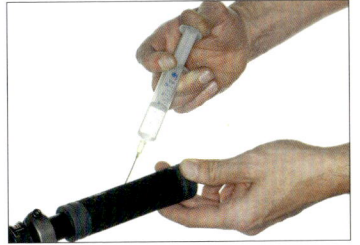

Griffe abnehmen
Lenkergriffe aus Gummi ziehen Sie bequem ab (und wieder drauf), wenn Sie mit einer Spritze etwas Spiritus injizieren. Der Griff gleitet leicht, bis der Spiritus verdampft ist.

Griffe verkleben
Spezieller Griffkleber lässt den Griff gut an seinen Platz gleiten und bindet dann schnell ab. Mit viel Kraft lässt sich der Griff später auch wieder abnehmen.

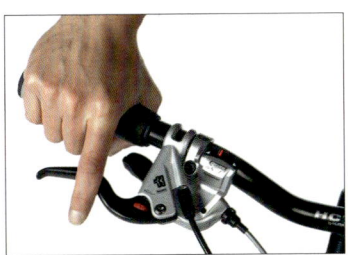

Cockpit ausrichten
Rücken Sie Brems- und Schalthebel etwa eine Daumenbreite vom Griffende nach innen. So haben Sie alle Armaturen in Fahrhaltung optimal im Griff.

Hörnchen
Lenkerhörnchen gibt es in vielen Formen. Sie bieten mehr Griffvarianten. Bergauf und bei Gegenwind verhelfen sie zu besserer Sitzposition und Kraftumsetzung.

Hörnchen ausrichten
Stellen Sie die Griffhilfen so ein, dass Sie etwas weiter vor dem Lenker und etwa in Verlängerung der Vorbauneigung greifen können. Achten Sie auf Verdrehsicherheit.

Kontrolle
Überprüfen Sie die Verdrehfestigkeit nach jeder Montagearbeit im Lenkerbereich. Heben Sie das Rad am Lenker außen an und stoßen Sie es kraftvoll zu Boden.

Lenker-Endstopfen verwenden
Bei Leichtbaulenkern, vor allem aus Carbon, empfiehlt sich, massive Alustopfen als Widerlager zur Hörnchenklemmung zu benutzen. Das schont das dünne Material.

Der Vorbau

Er verbindet die Gabel mit dem Lenker und ist entscheidend für den Sitzkomfort. Denn von seiner Länge, Neigung und Stabilität hängt ab, wie der Fahrer zum Lenker positioniert ist. Dabei ist der Vorbau ein sicherheitsrelevantes Bauteil: Bei Tausch und Montage sind also Sachverstand und Sorgfalt gefragt.

Lenkerklemmung
Fetten Sie vor der Montage alle Schraubgewinde und deren Kopfunterseite dünn. So lassen sie sich kontrollierter montieren. Achtung: kein Fett auf die Klemmflächen!

Schaftklemmung
Auch hier verteilen gefettete Gewinde die Schraubkräfte besser und schonender. Verwenden Sie für alle Klemmungen einen Drehmomentschlüssel.

Vorbau ausrichten
Legen Sie als Peilhilfe ein Lineal an die Gabelbeine. Richten Sie den Vorbau sorgfältig parallel aufs Laufrad aus. Ziehen Sie erst dann die Schaftklemmung fest.

Jeder dieser verschiedenen Vorbau-Winkel rückt den Lenker in eine andere Position.

Spacer variieren
Eine weitere Höhenanpassung erreichen Sie, wenn Sie einzelne Spacerringe über statt unter dem Vorbau montieren.

Vorbau-Neigungen
Ahead-Vorbauten lassen sich auch umgekehrt auf dem Gabelschaft montieren. Bei gleicher Länge verändert sich damit die gesamte Cockpit-Höhe.

Vorbaulängen variieren zwischen 60 und 120 Millimetern. Doch Vorsicht: Die Vorbaulänge beeinflusst das Fahrverhalten. Kurze Längen machen die Lenkung nervöser, große Längen träger.

Arbeiten mit Drehmomentschlüssel

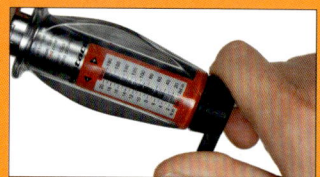

Drehrichtung festlegen
Durch Umschalten der Drehrichtung lassen sich Schrauben materialgerecht sowohl aus- wie auch eindrehen.

Entspannt zur Ruhe
Nach der Arbeit muss der Schlüssel zurück auf Null gestellt werden. Die Anzeige könnte sich sonst verstellen.

Verstellvorbau

Praktisch, manchmal jedoch auch tückisch: Verstell-Vorbauten müssen mit größter Sorgfalt eingestellt und wieder fixiert werden.

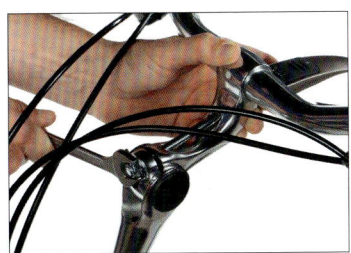

Maßvoll verstellen
Ein falsch eingestellter Vorbau ruiniert das Fahrverhalten. Passen Sie die Einstellung schrittweise an, bis Sie zufrieden sind.

Fixierschrauben beachten
Meist sichert eine zusätzliche Fixierung das Verdrehgelenk. Ziehen Sie alle Schrauben am Verstellvorbau regelmäßig nach. Gefettete Gewinde schonen das Material.

Vorspannung einstellen
Bei werkzeuglos verstellbaren Modellen muss zuerst der Schnellspanner entriegelt werden. Eine Vorspann-Schraube stellt die benötigte, endgültige Klemmkraft her.

Auf und nieder
So stark verändert ein Verstellvorbau die Sitzposition. Je steiler der Vorbau steht, desto kürzer wird auch die Oberrohrlänge.

Schaftklemm-Vorbau

Die traditionelle Bauform: Hier klemmt der Vorbau im Gabelschaftrohr.

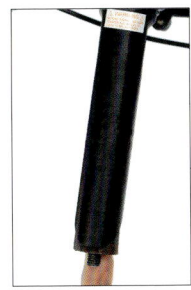

Mindest-Einstecktiefe
Jeder Vorbauschaft trägt im unteren Drittel eine Markierung der Einstecktiefe. Bei korrekter Montage darf die Markierung nicht sichtbar sein.

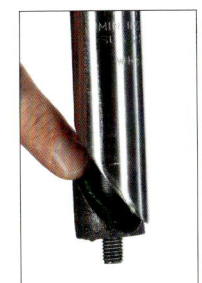

Klemmkonus fetten
Fetten Sie die Gleitkante des Klemmkonus und das ganze Vorbauschaftrohr. Das schützt vor Korrosion, die Klemmkräfte verteilen sich gleichmäßiger.

Zur Sicherheit: Alles fest?

Nach jeder Veränderung an Vorbau und Lenker sollten Sie die Verdrehfestigkeit überprüfen.

Klemmen Sie das Vorderrad zwischen die Knie. Drehen Sie dann plötzlich und kraftvoll beide Lenkerenden hin und her. Gabel und Vorbau dürfen sich nicht verdrehen lassen.

Heben Sie das Vorderrad am Lenker etwa 15 cm hoch und knallen Sie es mit Kraft zum Boden. Lenker, Verstellvorbau und Griffe dürfen sich dadurch nicht verdrehen lassen.

Die Sitzposition

Nichts ist so individuell wie die Sitzposition. Und nichts ist so entscheidend für Kraftumsatz und Fahrspaß wie ein genau angepasstes Fahrrad. Mit unseren Tipps stellen Sie Ihr Bike perfekt auf Ihre Bedürfnisse ein.

Rahmengröße und Sitzposition entscheiden über Wohl und Wehe auf dem Rad. Der Rahmen muss genügend groß, und damit: hoch, sein, dass die passende Sattelhöhe mit genügend Varianz nach oben und unten einstellbar ist. Im Stand muss ausreichend Schrittfreiheit zum Oberrohr bleiben. Auch die Rahmenlänge ist wichtig. Denn die bestimmt, wie aufrecht oder gestreckt die Sitzposition ausfällt. Die Grundabmessungen lassen sich

zuverlässig auf einer Messeinrichtung beim Fachhändler ermitteln. Eine kurze Rahmenlänge mit langem Steuerrohr und hohem Lenker positioniert den Fahrer aufrecht. Sportlich-gestreckt sitzt man auf langen Rahmen mit kurzem Steuerrohr und tieferem Lenker. Doch es gibt allerlei Zubehör, die Sitzposition auf einem Rad zu beeinflussen: Die Höhen- und Längenkoordinaten von Lenkergriffen, Sattel und deren Verhältnis

zueinander lassen sich mit relativ geringem Aufwand vielfältig verändern. Erlaubt ist dabei, was gefällt – auch, falls Ästheten die Nase rümpfen. Unser Tipp dazu: Verändern Sie immer nur einzelne Parameter auf einmal und überprüfen Sie das Fahrgefühl auf einer ausgiebigen Proberunde. Horchen Sie in sich hinein, ob die Korrektur der Sitzposition zu Entlastung oder die ungewohnte Haltung gar zu neuen Problemen führt.

Sitzlänge prüfen
Setzen Sie sich bei waagerecht nach vorn stehender Kurbel aufs Rad. Die Sitzlänge stimmt, wenn das Lot von unterhalb der Kniescheibe mittig durch die Achse des Pedals fällt.

Sattelhöhe einstellen
Setzen Sie sich in Fahrhaltung aufs Rad, die Kurbel steht am unteren Totpunkt. Stellen Sie den Fuß mit der Ferse aufs Pedal. Die Höhe stimmt, wenn das Bein beinahe ganz gestreckt ist.

Sattel waagerecht stellen
Richten Sie den Sattel mithilfe einer Wasserwaage waagerecht in der Stütze aus. Schließen Sie die Klemmschraube mit dem pssenden Drehmoment.

Gestellmarkierungen beachten
Die Sitzlänge können Sie am Sattelgestell etwas variieren. Beachten Sie jedoch die Stopp-Markierungen. Die Gestellröhrchen könnten bei falscher Klemmung brechen.

Sattel montieren
Zerlegen Sie bei der Sattelmontage den Klemmmechanismus nicht ganz. Öffnen Sie die Schrauben nur so weit, dass sich das Sattelgestell seitlich einsetzen lässt.

Sattelstütze

Auch die Sattelstütze ist ein sicherheitsrelevantes Bauteil. Bei Montage und Einstellung dürfen keine Fehler gemacht werden.

Stütze fetten

Bestreichen Sie die Stütze vor der Montage dünn mit Fett. Das verhindert ein Festkorrodieren im Sitzrohr. Besonders wichtig bei Stahl/Alu-Kombinationen!

Klemmschlitz ausrichten

Für eine materialschonende Klemmung ist wichtig, dass das Rohrende nicht durch die Klemmschelle gestaucht wird. Stellen Sie deshalb beide Schlitze übereinander.

Widerlager prüfen

Die Klemmfläche von Schnellspann-Exzentern besteht mitunter aus Kunststoff. Prüfen Sie das weiche Material regelmäßig auf Risse. Tauschen Sie bei Defekt sofort.

Minimum Insert

Jede Sattelstütze trägt eine Markierung ihres Herstellers, die bei korrekter Montage nicht sichtbar sein darf: Sie zeigt die Mindest-Einstecktiefe im Sitzrohr an.
Auf der Stütze lastet das gesamte Gewicht des Fahrers, das sich bei einer Schlaglochpassage ganz plötzlich vervielfacht. Nur bei korrekter Montage ist eine ausreichende Biegestabilität gewährleistet.

Unterschiedliche Durchmesser von Sitzrohr und Sattelstütze lassen sich mit Hülsen verschiedener Wandstärke einander anpassen.

Der Prüfgriff für Sattel und Stütze

Wichtig nach jeder Montagearbeit: Greifen Sie den Sattel mit beiden Händen und drehen Sie ruckartig mit viel Kraft. Erhöhen Sie die Klemmkräfte, falls sich etwas verdreht.

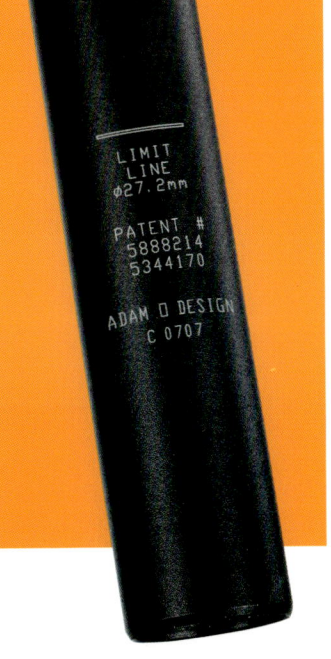

Mindest-Einstecktiefe

Findet sich keine Markierung auf der Stütze, muss sie mindestens unter den Knoten Sitzrohr/Oberrohr/Sitzstrebe reichen. Achtung: Andernfalls besteht Bruchgefahr!

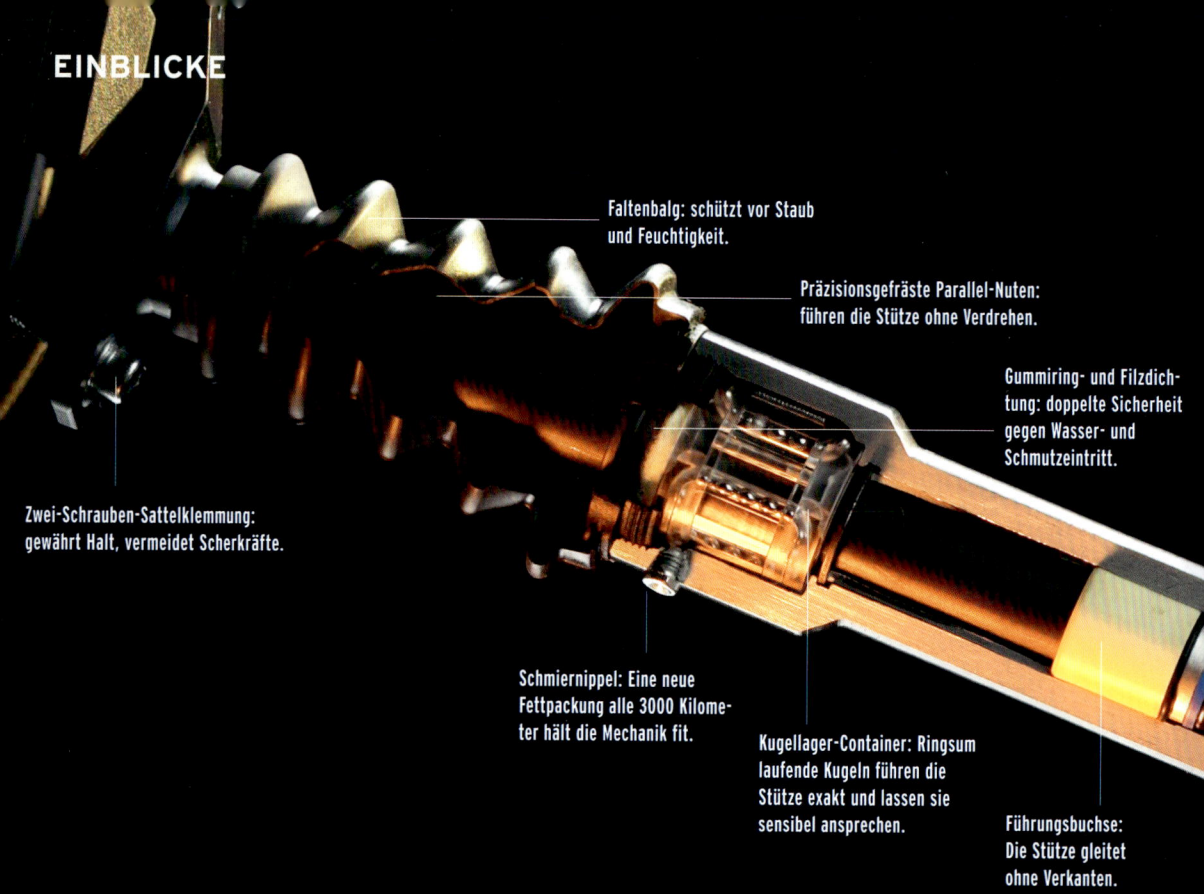

Faltenbalg: schützt vor Staub und Feuchtigkeit.

Präzisionsgefräste Parallel-Nuten: führen die Stütze ohne Verdrehen.

Gummiring- und Filzdichtung: doppelte Sicherheit gegen Wasser- und Schmutzeintritt.

Zwei-Schrauben-Sattelklemmung: gewährt Halt, vermeidet Scherkräfte.

Schmiernippel: Eine neue Fettpackung alle 3000 Kilometer hält die Mechanik fit.

Kugellager-Container: Ringsum laufende Kugeln führen die Stütze exakt und lassen sie sensibel ansprechen.

Führungsbuchse: Die Stütze gleitet ohne Verkanten.

Wenn es unterm Rad grob zu rumpeln beginnt, wünscht sich mancher Radfahrer ein sanftes Sofakissen unter dem Hintern. Gefederte Sattelstützen versprechen diesen Fahrkomfort. Damit lässt sich auch ein »harter Bock« nachträglich zum Bequem-Bike aufrüsten. Doch ideal sind Teleskop-gefederte Sattelstützen nicht, verläuft doch die Kraftrichtung von Schlägen aus dem Untergrund senkrecht zum Körperschwerpunkt des Fahrers. Und nicht im Winkel von etwa 72 Grad, wie die Neigung der meisten Sitzrohre und damit auch die erforderliche Einfeder-Richtung. Resultat: Günstige Federstützen verkanten allein schon durch den ungünstigen Winkel der Federrichtung, zähe Elastomer-Blöcke im Innern liefern kaum effektiven Komfort und verlieren ab Temperaturen unter 10 Grad

Celsius jede Elastizität. Die Billig-Stützen fristen ihr Dasein nur noch als Zusatzgewicht.

Eine Teleskop-Stütze, die richtig gut – und das auf Dauer – funktioniert, kommt aus Oberbayern nahe Dachau und trägt den sinnigen Namen »Airwings«.

Hier begegnet Konstrukteur Hans Hillreiner der ungünstigen Kraftrichtung mit minimiertem Widerstand: Er packt ein kompaktes Linear-Kugellager ans obere Ende des Teleskop-Tauchrohrs und sorgt damit für ein dauerhaft sensibles Ansprechen. Dem Verdrehen der Rohre ineinander wirkt die präzise gefräste Rillenführung des eintauchenden Sattelträger-Rohrs entgegen. Ob dann, weiter unten im Rohr, mit Stahl-Spiralfedern oder Luftkartusche gefedert wird, bleibt

der Entscheidung des Käufers überlassen.

Unser Testmodell trägt bunte Federn. Die Farbe verrät uns etwas über die Federhärte. Je nach Fahrergewicht verwendet Hillreiner Federn unterschiedlicher Härten, um so die Federwirkung optimal anzupassen. Dabei ist die oben liegende Feder die weichere der beiden. So erreicht Hillreiner ein feines, sensibles Ansprechen bei geringer Erschütterung. Das Überfahren dicker Brocken drückt die weichere Feder auf ihren stärkeren, unteren Partner. Der fängt die Einfederbewegung etwas ab, die Kombination verschieden harter Federn wirkt sich also progressiv aus. Auch wer seine Stütze als zu hart oder weich empfindet, kann durch Federtausch eine

FEDERSTÜTZE

Elastomer-Puffer: Prellbock gegen extreme Durchschläge.

Wie federt eigentlich eine Sattelstütze? Unter ihrem unspektakulären Äußeren verbirgt sich ein hochkomplexes Innenleben.

Blaue Feder: Weich ausgelegt, filtert sie die feineren Stöße.

Rote Feder: Unterstützt ihre blaue Schwester und schluckt richtig harte Impulse.

Verstellschraube: Durch Eindrehen kann die Federvorspannung erhöht werden. So lässt sich die Federwirkung dem Fahrergewicht anpassen.

Tauchrohr: Dicke Wandstärke erlaubt bei hohen Klemmkräften sicheren Halt im Sitzrohr.

härtere oder weichere Abstimmung erreichen. Die Kombination blau-rot ist auf Fahrergewichte zwischen 50 und 70 Kilo, rot-gelb auf 70 bis 100 Kilo abgestimmt. Darüber müssen zwei gelbe Federn ohne Progressiv-Wirkung Dienst tun.

Durch Verstellen der Vorspann-Schraube am unteren Rohrende justiert man den Negativ-Federweg, den »Sag«. Empfohlen wird ein Einfeder-Weg beim Aufsitzen im Stand in normaler Fahrhaltung von etwa fünf Millimetern. So schwebt der Fahrer bereits in der Federung. Dadurch federt die Stütze sensibel ein, bei hohem Pedaldruck jedoch nur wenig nach oben aus. Denn

das verändert die Distanz zwischen Pedal und Satteloberfläche. Je weiter die Stellschraube eingedreht wird, desto stärker sind die Federn vorgespannt und desto höherem Druck widerstehen sie. Elastomer-Einsätze puffern den Anschlagspunkt ab und bewahren die ineinandergleitenden Röhren vor zerstörerischem Kontakt.

Durch genau abgestimmte Wandstärken, den einzigartigen Kugellager-Container und geringe Fertigungstoleranzen kann Hillreiner drei Jahre Garantie gewähren. Die

Qualität seiner Federstäbe wird ihm von unabhängigen, renommierten Prüfinstituten bestätigt.

Dennoch arbeitet die Airwings-Stütze äußerst wartungsarm. Durch einen Schmiernippel kann das Linearkugellager etwa alle 3000 Kilometer abgeschmiert werden. Wie bei Federgabeln reduziert ein Stoß Sprühöl an der Oberkante des Lagers die Losbrechkraft. Mehr braucht's nicht zum »Fahren wie auf Wolken«.

Federstütze

Sie bringt Komfort ans Rad: Doch nur hochwertige Federstützen funktionieren zuverlässig und sensibel. Wie man sie pflegt und wartet, sehen Sie hier.

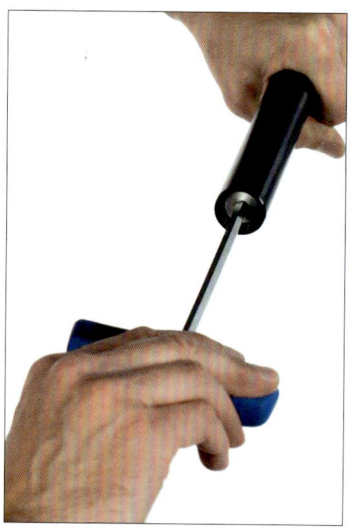

Die Farben kennzeichnen unterschiedliche Federhärten: Von rot über blau zu gelb wird es härter. Durch unterschiedliche Federkombination können Sie eine Airwings-Stütze genau auf Gewicht und Komfortbedarf abstimmen.

Vorspannung einstellen

Am unteren Ende der Stütze komprimiert ein unterschiedlich tief einschraubbarer Deckel die Federn oder Elastomere in der Federstütze. Starke Komprimierung macht die Federn straffer, geringe softer.

Federn fetten

Schrauben Sie den Verstelldeckel ab und klopfen die Federn heraus. Fetten Sie Federn und Anschlagselastomer. Setzen Sie alles in der richtigen Reihenfolge wieder ein.

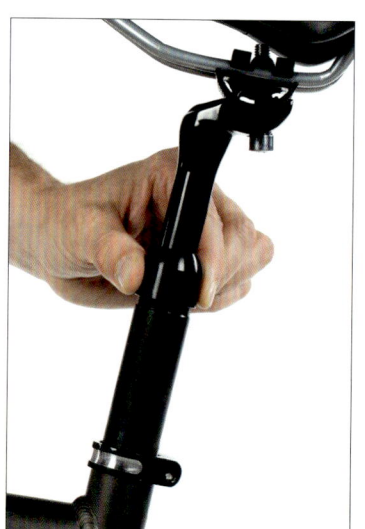

Parallelogramm warten

Die effektive Parallelogramm-Mechanik ist dankbar für das gelegentliche Ölen der Drehpunkte. Verwenden Sie dünnflüssiges Sprayöl dafür, bewegen Sie die Mechanik mehrfach, damit sich das Öl gut verteilt.

Klemmschraube einstellen

An einigen Elastomerstützen kann deren Leichtgängigkeit reguliert werden. Für ungehindertes Gleiten muss die Überwurfmutter lose sein, ganz zugeschraubt blockiert sie die Stütze.

Elastomere fetten

Auch Elastomere sollte man alle Jahre wieder dünn fetten. Das reduziert die Reibung im Mechanismus und pflegt die Pufferelemente.

Sattel anpassen

Der Sattel muss zum Hintern passen, nicht umgekehrt. Das lässt sich genau ausmessen. Doch auch das ersetzt nie die Probefahrt.

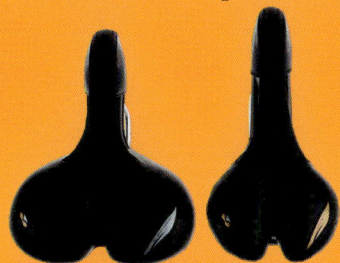

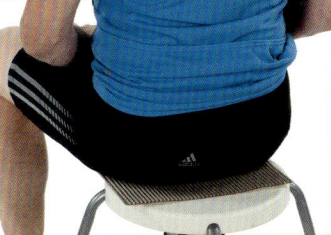

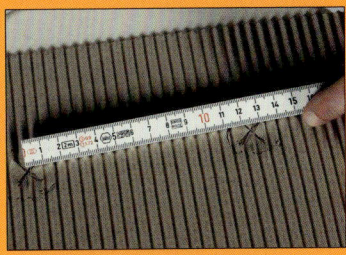

Sitzposition berücksichtigen
Zwischen ganz breit und ganz schmal gibt es viele Varianten. Je mehr Gewicht auf dem Sattel lastet, desto breiter und kürzer sollte er sein.

Sitzbreite markieren
Setzen Sie sich aufrecht und mit Druck auf das Becken mit leichtem Hohlkreuz auf ein Stück offene Wellpappe. Die Sitzknochen zeichnen sich als Druckpunkte genau ab.

Sitzknochenabstand messen
Messen Sie den Abstand von Mitte zu Mitte der Druckpunkte. Das ist Ihre Sitz- und effektive Sattelbreite. Auf dem Sattel müssen beide Sitzknochen Platz finden.

Ledersattel

Ein Ledersattel passt mit zunehmendem Alter immer besser. Er kann so bequem sein wie ein Handschuh – falls er sorgfältig gepflegt wird.

Satteldecke fetten
Vor der ersten Fahrt, ab dann je nach Belastung regelmäßig, sollten Sie den Ledersattel mit passender Pflegecreme fetten. Je geschmeidiger das Leder, desto besser das Sitzgefühl!

Sattel schützen
Nässe, aggressiver Schmutz und Minustemperaturen zerstören das Leder. Schützen Sie den Ledersattel beim Abstellen mit einer Sattelhülle. Die kann mit Klettband am Sattelgestell fixiert werden und ist immer zur Hand.

Decke nachspannen
Im Lauf der Zeit dehnt sich jedes Leder. Halten Sie die Satteldecke immer leicht unter Spannung. Stellen Sie die Spannschraube gelegentlich mit einer halben oder maximal ganzen Umdrehung nach.

Zum Nachspannen eines Brooks-Sattels benötigen Sie einen Vielkant-Schlüssel. Spannen Sie nur sparsam in Vierteldrehungen nach. Denn der verfügbare Verstellweg ist begrenzt.

Weg mit Knack und Knarz!

Manchmal ist es schwierig, die Ursache eines Störgeräusches zu lokalisieren. Besonders moderne Rahmen mit dünnen Wandstärken blasen Mikrobewegungen im Gefüge akustisch auf wie ein Verstärker. Zu hören sind die Geräusche oft an ganz anderen Stellen, als sie entstehen. Doch so kommen Sie jedem Geräusch auf die Spur:

WO KNACKT'S?	WANN KNACKT'S?	WORAN LIEGT'S?	WAS HILFT?
Lenker und Vorbau	Normale Fahrt, Wiegetritt Ruhe bei Freihändig-Fahren	Mikrobewegungen an Vorbau/Lenker oder Vorbau/Gabelschaft, Spacern	Klemmschrauben öffnen, fetten, mit korrektem Drehmoment neu festziehen. Fetten der Spacerringe (sofern nicht aus Carbon). Vorbaudeckel-Schraube an Kopf, Beilagscheibe und Gewinde fetten.
Sattel, Sattelstütze	In jeder Fahrsituation Ruhe im Stehen	Lose Sattelklemmung, Sattelstütz-Klemmung oder Sattelgestell	Sattelklemmung und Klemmschelle der Stütze demontieren, fetten. Sattelgestell mit Sprühöl schmieren. Alle Drehmomente überprüfen.
		Zu geringe Sattelstütz-Einstecktiefe	Prüfen, ob Stütze tief genug im Sitzrohr steckt, ob sie formschlüssig gehalten wird, ob Risse im Sitzrohr zu sehen sind.
Tretlager, Kurbel, Pedale, Umwerfer	Bei jeder Umdrehung der Kurbel, der Kette oder der Laufräder. Ruhe beim Rollen im Freilauf.	Trockenes, loses oder defektes Innenlager	Kurbel und Lager ausbauen, auf Leichtlauf prüfen. Falls möglich, fetten, mit korrektem Drehmoment neu montieren. Defekte Lager ersetzen.
		Lose Kurbelbefestigung, Kurbel sitzt nicht korrekt auf der Achse.	Überprüfen, mit Kupferpaste oder Fett schmieren, neu mit korrektem Drehmoment festziehen.
		Steifes Kettenglied, Kettenniet-Überstand	Kette prüfen, ölen, wachsen. Defekte Glieder oder komplette Kette auswechseln.
		Lose Umwerferschelle	Schelle an Klemmfläche und Schraube leicht fetten. Korrekt ausrichten und montieren.
		Pedallager lose oder defekt, abgenutzte Cleats	Pedalachse öffnen, Lagerspiel fetten und einstellen. Cleats reinigen, sprühölen; verschlissene Cleats tauschen.
		Schaltzugüberstand berührt Kettenblatt	Zugüberstand kürzen, Zugendkappe aufquetschen.
Schaltwerk	Bei Zug auf der Kette	Wechselschaltauge lose oder defekt Schaltwerk verschlissen	Wechselauge abschrauben, mit Kupferpaste oder Fett neu montieren, Drehmomente einhalten. Schaltwerk prüfen, Gelenke sprühölen, Schaltröllchen demontieren und fetten oder ersetzen.
Laufräder	Im Rollen	(Schnellspann-) Achsen lose oder verschmutzt montiert	Öffnen, reinigen, Schnellspanner zerlegen, ölen, neu mit korrekter Spannung montieren.
		Speichen lose, gerissen	Alle Speichen auf Spannung prüfen. Lose Nippel nachziehen, mit Kleber fixieren. Knarzende Nippel ölen oder wachsen.
		Nabenkörper- oder Achslagerspiel Ritzelpaket lose	Achse öffnen, Lagerspiel neu justieren, Kugellager fetten. Freilaufkörper demontieren, fetten, bzw. ersetzen. Ritzelpaket demontieren, fetten, festziehen.

WO KNACKT'S?	WANN KNACKT'S?	WORAN LIEGT'S?	WAS HILFT?
Flaschenhalter	Im Rollen	Halteschrauben lose	Schrauben fetten, festziehen. Evtl. verkleben.
Gabel, Vorderbau	Federgabel: beim Ein- und Ausfedern und Bremsen	Risse im Material. Führungsbuchsen verschlissen, Anschlag defekt, Ölstand zu gering	Gabelbrücke, Schaftrohr, Stand- und Tauchrohre auf Risse prüfen. Gabelholme auf Spiel prüfen, Buchsen tauschen, Ölstand korrigieren. Gabel zum Service einsenden.
	Starrgabel: beim Bremsen, Überrollen von Unebenheiten	Risse im Material	Gabel ausbauen, auf Risse/Schäden untersuchen.
	Alle Gabeln: beim Überrollen von Unebenheiten	Lenkungslager lose oder defekt	Steuersatzlager ausbauen, prüfen, fetten, Lagerspiel einstellen, korrekt montieren oder ersetzen.
Am Rahmen	In allen Fahrsituationen	Züge klappern, scheuern	Schutzfolie an den Scheuerstellen anbringen. Zugbögen mit Kabelbindern bändigen. Auf freiliegende Züge Gummischeibchen (Donuts) auffädeln.
		Rahmenrisse	Alle Rohre und Schweißnähte genau auf Risse prüfen.
Gefederter Hinterbau	Beim Ein- und Ausfedern	Rahmengelenke verschmutzt oder defekt	Gelenke und Lager demontieren, reinigen, schmieren, mit korrekten Drehmomenten montieren oder ersetzen.

Geräuschquelle Rahmen

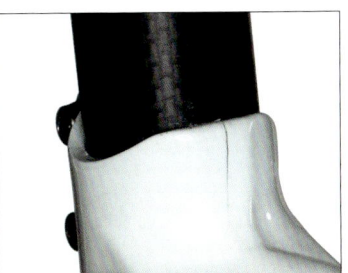

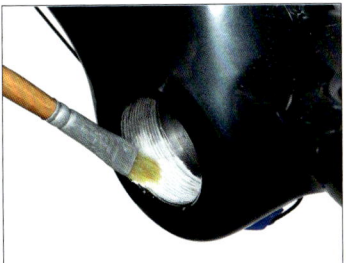

Am Rahmen klingelnde Schalt- oder Bremszüge geben Ruhe, wenn Sie Gummischeibchen, sogenannte »Donuts« aufziehen.

Auch Risse im Rahmen machen sich unter Umständen geräuschvoll bemerkbar. Besonders das Sitzrohr muss hohen Pendelkräften widerstehen.

Fetten Sie alle Rahmengewinde, bevor Sie ein Bauteil einschrauben. Die bessere Verteilung der Haftreibung mindert Spannungsspitzen und damit auch Geräuschentwicklung. Zudem wird verhindert, dass Gewinde festkorrodieren.

Geräuschquelle Schaltung

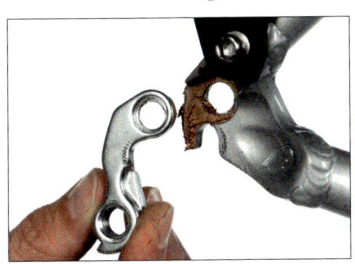

Montieren Sie das Wechselschaltauge mit Kupferpaste. Achten Sie darauf, dass die Halteschraube/n fest bleiben. Im Zweifelsfall hilft Schraubenkleber.

Geben Sie einen Stoß Sprühöl in alle Gelenke des Schaltwerks. Schalten Sie mehrfach hin und her, damit das Öl sich gut verteilt.

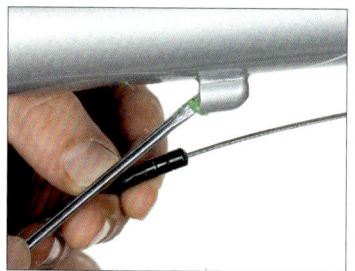

Knarzende Zuganschläge am Rahmen stellen Sie mit etwas Lagerfett in der Zugführung ruhig.

Ein zu langer Zugüberstand kann bei bestimmter Umwerferstellung an Kurbel oder Kettenblatt ticken. Schneiden Sie zu lange Schaltzüge ab.

Auch ein kurzer Zugüberstand kann an Shimanos neuen Shadow-Schaltwerken in bestimmten Stellungen des Schaltwerks die Speichen berühren. Prüfen Sie Ihren Zugüberstand deshalb bei Durchschalten aller Gänge.

Geräuschquelle Umwerfer/Tretlager/Kurbeln/Pedale

Kettenblattschrauben lösen sich gern selbsttätig. Auch daraus entstehen Geräusche. Kontrollieren Sie die Schrauben auf festen Sitz. Das Losrütteln unterbinden Sie mit Schraubenkleber mittelfest.

Checken Sie das Tretlager auf seitliches Spiel: Dazu fassen Sie mit einer Hand die Kurbel, mit der anderen das Unterrohr und prüfen, ob sich beides gegeneinander bewegen lässt. Fühlen Sie Spiel, muss das Innenlager getauscht werden.

Ziehen Sie die Befestigungsschraube der Kurbel, vor allem bei einem neuen Rad, häufiger nach. Es dauert etwas, bis sich das Material unter Belastung gesetzt hat und die Verschraubung stabil bleibt.

Auch an der Kurbelachse hilft Kupferpaste dabei, Knackgeräusche abzustellen. Die weichen Kupferpartikel der Paste dämpfen kleinste Mikrobewegungen der Teile zueinander ab.

Montieren Sie Pedale immer mit Fett im Kurbelgewinde. Trocken eingeschraubte Pedale kriegen Sie irgendwann nicht mehr ab. Meist dann, wenn sie dringend runter müssen.

Geräuschquelle Sattel/-stütze

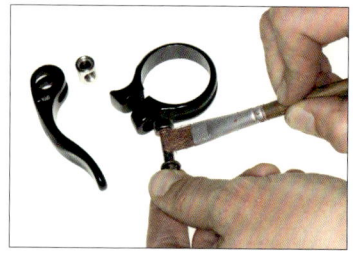

Zerlegen Sie den Klemm-Mechanismus der Schnellspannschelle. Fetten Sie Schraubengewinde und -kopf, Beilagscheibe, Exzenter des Schnellspanners und sein Widerlager dünn mit druckresistenter Kupferpaste.

Oft knarzt die Verbindung Sattelschale zum Sattelgestell. Sprühen Sie eine Ladung dünnes Öl in die Aufnahmepunkte.

Demontieren Sie die Sattelklemmung und bestreichen Sie alle Einzelteile, Schrauben und Kontaktflächen mit Kupferpaste. Ziehen Sie die Schrauben mit dem empfohlenen Drehmoment fest.

Fetten Sie die Sattelstütz-Klemmschelle auch innen bis zum »Kragen«, wo sie am Sitzrohr aufsitzt. Oft stammen Störgeräusche daher, dass die Klemmschelle unter der Biegung der Sattelstütze ächzt.

Geräuschquelle Laufräder

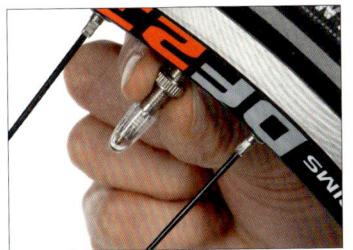

Lose Ventilhaltemuttern klappern gegen die Felgen. Vor allem bei nicht flachen Felgenprofilen lassen sich die Muttern nicht dauerhaft festziehen. Schrauben Sie sie ab.

Schleifende Schutzbleche richten Sie schleiffrei aus, indem Sie die Strebenhalterung nachjustieren.

Speichen können knarzen, wenn sich beim Spannen/Entspannen während der Abrollbewegung die Nippel in den Speichenlöchern der Felge bewegen. Ein Tropfen Öl reduziert Reibung und Geräusche.

Auch ein loses Ritzelpaket kann sich durch Knacken bemerkbar machen. Ziehen Sie die Vielzahnmutter gut fest und ab und zu einmal nach, um das zu vermeiden.

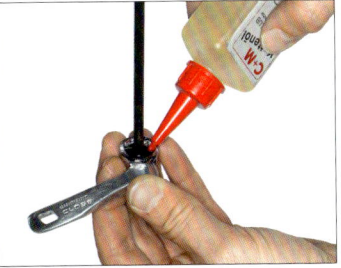

Wenn in Schnellspannachsen Rost oder Schmutzpartikel stecken, ist der Knack nicht mehr weit. Reinigen Sie auch den Exzentermechanismus und träufeln Sie gelegentlich etwas Öl hinein.

Geräuschquelle Vorbau/Steuersatz

Sind alle anderen Ursachen ausgeschlossen, können auch Spacerringe eine Geräuschquelle sein. Demontieren Sie die Ringe, fetten Sie deren Kanten und montieren Sie sie neu.

Werkzeug für die kleine Tour

1 Minitool: Für kürzere Strecken reicht ein einfaches, leichtes Tool mit den Grundfunktionen. Aber auch die Luxusversion mit Kettennieter schadet nicht. Checken Sie Ihr Rad durch, ob Werkzeug gebraucht wird, das sich nicht am Tool befindet (wie 15 mm-Pedalschlüssel, Torx-Schlüssel für Vorbau- oder Flaschenhalterschrauben oder 13 mm-Maulschlüssel für Achsschrauben). **2** Ein Paar Reifenheber: Damit Sie beim Platten unterwegs auch an den Schlauch kommen. **3** Lappen: Wenn Sie einmal die Kette anfassen mussten, sind Sie froh darüber. **4** Kettenschloss: Das kleine Teil flickt eine Kette werkzeuglos und dauerhaft zusammen. Ist die Kette unterwegs gerissen, müssen jedoch beschädigte Glieder und Niete entfernt werden, damit das Schloss hineinpasst. **5** Ersatzschlauch: Beim Platten mitten im Regenschauer sind Sie froh, wenn Sie nicht lang am Schlauch rumflicken müssen. Ein Schlauchwechsel geht ruck-zuck. Auch für den seltenen Fall eines Ventilschadens. **6** Minipumpe: Testen Sie vor dem Losfahren, ob die Pumpe aufs Ventil passt, dicht ist und genügend Druck aufbaut. **7** Flickzeug: Kontrollieren Sie von Zeit zu Zeit, dass der Klebstoff noch nicht ausgetrocknet ist und ob noch genügend Flicken in der Schachtel sind.

Werkzeug für die große Tour

Auch falls Sie länger oder fern der Zivilisation unterwegs sein möchten, muss nicht gleich die ganze Werkstatt mit. Mit einigen cleveren Teilen lässt sich vieles wieder so weit reparieren, dass die Fahrt erst mal weitergehen kann. Zusätzlich zum »Kurztouren-Werkzeug« muss mit:

1 Ein Werkzeug-Satz in der praktischen Einstecktasche: Die eingerollte Tasche nimmt wenig Platz ein und kann individuell bestückt werden. Hier von Park Tool. **2** Großes Minitool mit Kettennieter: Achten Sie darauf, dass auch wirklich alles Werkzeug an Bord ist, das an Ihrem Rad benötigt wird. Wickeln Sie Zusatzwerkzeug klapperfrei in einen Lappen. **3** Ersatzreifen (Faltversion): Falls Sie dorniges oder steiniges Terrain ansteuern, wo Reifenschäden drohen. **4** Ersatzspeichen: Nehmen Sie etwa vier Speichen passender Bauart und Länge mit auf Tour. Besonders wenn Sie Systemlaufräder fahren, sollten Sie auch an den passenden Nippeldreher denken. **5** Multitool Leatherman: Kann die Werkzeugrolle ersetzen. Hängt aber davon ab, welches Werkzeug Sie an Ihrem Rad benötigen. **6** Sprühöl: Macht geschmeidig und schützt auch unterwegs. **7** Falls Sie das brauchen: 15er-Maulschlüssel für die Pedalachsen, 13er für Radachs-Schrauben. **8** Nippelspanner: Zum Achter-Auszentrieren oder Speichen-Einbau unterwegs. **9** Ritzelabzieher: Wenn Speichen brechen, tun sie das besonders gern am Hinterrad ritzelseitig. Dort herrschen aufgrund der asymmetrischen Bauart stressige Bedingungen für Speichen. Bricht eine Speiche rechts, muss bei einer Kettenschaltung zum Wechsel das Ritzelpaket runter. **10** Trocken-Handreiniger: Damit lässt sich auch hartnäckigste Kettenschmiere wasserlos von der Haut rubbeln. **11** Ersatz-Bremsbeläge: Selbst wenn beim Start noch genug Belag vorhanden war – Nässe und schmirgelnder Schmutz können Disc-Beläge im Extremfall an einem einzigen Tag runterbringen. Nicht ganz so anfällig sind V-Brakes. Doch auf langer Strecke schadet ein Ersatz-Pärchen nicht. **12** Bei konventionell gespeichten Laufrädern reichen Universal-Ersatzspeichen aus

Drahtseil. Die werden ohne Kopf per Haken in die Nabe gehängt. **13** Je ein Schalt- und Bremszug: Selten, dass ein Bowdenzug reißt. Doch wenn, geht halt gar nix mehr. Deshalb: mitnehmen, das beruhigt.

Falls Federung vorhanden: 14 Dämpferpumpe für Luftfederung: Bei wechselnden Fahrbahn-Oberflächen oder Lastbedingungen bringt das Anpassen des Luftdrucks mehr Fahrsicherheit.

15 Kabelbinder verschiedener Längen: Die helfen überall. Sie fixieren Bremsleitungen, gebrochene Schutzbleche, abgerissene Gepäckträgerstreben oder Bremsgriffe und können sogar Hosengürtel ersetzen. Und noch viel mehr.

16 Gewebeklebeband: Was die Kabelbinder nicht schaffen, klappt mit Klebeband.

Falls Halogen-Scheinwerfer vorhanden: 17 Halogen Ersatzbirnchen: Wer Licht am Rad hat, möchte es auch benutzen können. Halogenbirnchen sind unterwegs eventuell schwer zu bekommen. Also: mitnehmen.

18 Lüsterklemmen: Die kleinen Dinger aus dem Elektromarkt flicken, zumindest als Erste Hilfe, gerissene Schalt- oder Bremszüge.

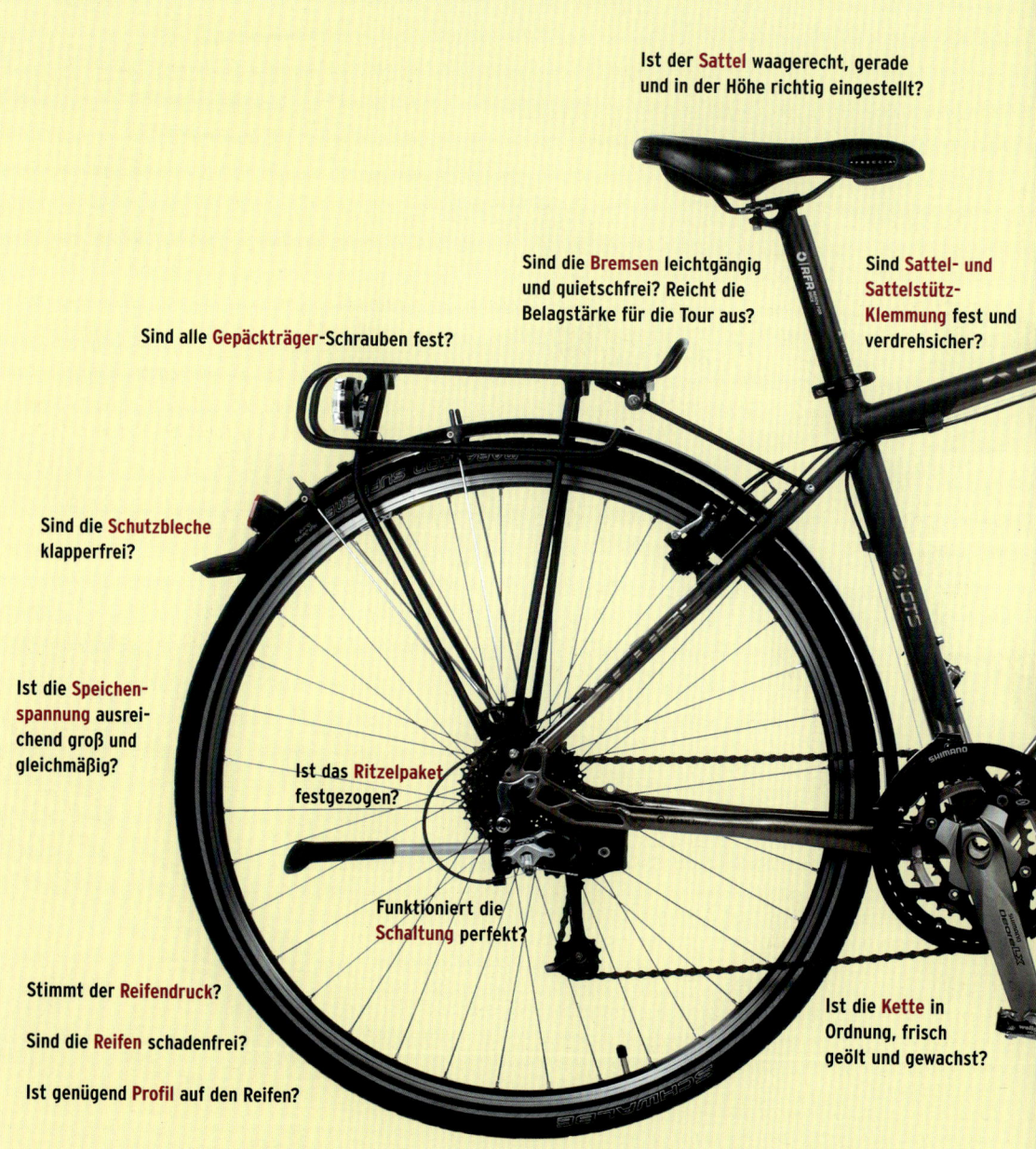

Der Rundum-Check

Bevor Sie mit dem Rad auf große Tour gehen, sollten Sie Bestandsaufnahme machen:
Nehmen Sie sich die Zeit, um die folgenden Punkte an Ihrem Rad genau durchzugehen.

Ist der Sattel waagerecht, gerade
und in der Höhe richtig eingestellt?

Sind die Bremsen leichtgängig
und quietschfrei? Reicht die
Belagstärke für die Tour aus?

Sind Sattel- und
Sattelstütz-
Klemmung fest und
verdrehsicher?

Sind alle Gepäckträger-Schrauben fest?

Sind die Schutzbleche
klapperfrei?

Ist die Speichen-
spannung ausrei-
chend groß und
gleichmäßig?

Ist das Ritzelpaket
festgezogen?

Funktioniert die
Schaltung perfekt?

Stimmt der Reifendruck?

Sind die Reifen schadenfrei?

Ist genügend Profil auf den Reifen?

Ist die Kette in
Ordnung, frisch
geölt und gewachst?

Ist das Laufrad richtig zentriert?

Sind **Brems- und Schalthebel** leichtgängig und richtig eingestellt?

Sitzen **Lenker, Vorbau, Griffe** und **Hörnchen** fest, verdrehsicher und bequem?

Falls vorhanden: Funktioniert der **Radcomputer**?

Sind alle **Bowdenzüge** leichtgängig und schadenfrei?

Dreht das **Steuersatz-Lager** leicht und spielfrei?

Funktionieren **Front-** und **Rücklicht**?

Falls vorhanden: Sind **Federgabel** und **Dämpfer** in Ordnung, richtig eingestellt und gewartet?

Ist das **Achslager** richtig eingestellt, leichtdrehend und ohne seitliches Spiel?

Sind **Ritzel** und **Kettenblätter** verschleißfrei?

Sitzt die **Kurbel** fest auf der Innenlager-Achse?

141

Register

Danke

für Unterstützung, Mitarbeit und viel Geduld an Freunde und Kollegen:
Tom Bierl, Hans-Peter Ettenberger, Armin Herb, Daniel Hooper, Hildegard Imping, Manuel Jekel, Ralf Käseberg, Barbara Merz-Weigandt, Markus Mössler, Thomas Rögner, Dominik Scherer, Andreas Schiwy, Daniel Simon, Ursula Simon, Dirk Zedler.
Im Besonderen: an Martina Zeiler.

den Mitarbeitern und Ansprechpartnern folgender Firmen:
Barbara und Hans Hillreiner, Airwings Systems; Mathias Faber, Bergamont; Carsten Zahn, Markus Hachmeyer, Ralf Bohle GmbH; Guido Müller, Busch & Müller KG; Wolf vorm Walde, Continental AG; Claus Wachsmann, Pending System GmbH; Frank Jeniche, Derby Cycles; Larry Westney, Eighty-Aid; Falk Tubbesing, Falk Bikes; Bernd Watzke, Ghost; Anke Namendorf, Koga Miyata; Florian Nebl und Conny Weyhmann, Paul Lange GmbH; Martin Schäfer, Magura; Jürgen Anis, Maxcycles; Simon Oppold, Merida-Centurion; Heiko Müller, Riese und Müller; Roland Breinlinger, Ritchey; Mirco und Bernd Rohloff, Rohloff AG; Petra Hügging, Erwin Rose, Rose-Versand; Kai Fuchs, Simpel.ch; Armin Degasperi und Andreas Hämmerle, Simplon; Konrad Lischka, Spiegel-Online; Tobias Erhard und Ulrich Henz, Sram Europe; Volker Dohrmann, Stevens; Jo Klieber, Syntace; Stefan Stiener, Velotraum; Hanseline; Hebie; Grofa/Park Tool; Point Bike; SKS.

Bibliografische Information der Deutschen Nationalbibliothek
Die Deutsche Nationalbibliothek verzeichnet diese Publikation in der
Deutschen Nationalbibliografie; detaillierte bibliografische
Daten sind im Internet über http://dnb.d-nb.de abrufbar.

2. Auflage
ISBN 978-3-7688-5293-7
© Moby Dick Verlag, Postfach 3369, D-24032 Kiel

Konzept und Text: Jochen Donner
Bildgestaltung und Fotos: Daniel Simon
Grafik und Layout: Hildegard Imping
Schlusskorrektur: Ursula Simon
Umschlaggestaltung: Buchholz | Hinsch | Hensinger, Hamburg
Reproduktionen: digital | data | medien, Bad Oeynhausen
Druck: Kunst- und Werbedruck, Bad Oeynhausen
Printed in Germany 2010

Delius Klasing Verlag, Siekerwall 21, D-33602 Bielefeld
Tel.: 0521/559-0, Fax: 0521/559-115
E-Mail: info@delius-klasing.de
www.delius-klasing.de